essentials

essentials liefern aktuelles Wissen in konzentrierter Form. Die Essenz dessen, worauf es als „State-of-the-Art" in der gegenwärtigen Fachdiskussion oder in der Praxis ankommt. *essentials* informieren schnell, unkompliziert und verständlich

- als Einführung in ein aktuelles Thema aus Ihrem Fachgebiet
- als Einstieg in ein für Sie noch unbekanntes Themenfeld
- als Einblick, um zum Thema mitreden zu können

Die Bücher in elektronischer und gedruckter Form bringen das Expertenwissen von Springer-Fachautoren kompakt zur Darstellung. Sie sind besonders für die Nutzung als eBook auf Tablet-PCs, eBook-Readern und Smartphones geeignet. *essentials:* Wissensbausteine aus den Wirtschafts-, Sozial- und Geisteswissenschaften, aus Technik und Naturwissenschaften sowie aus Medizin, Psychologie und Gesundheitsberufen. Von renommierten Autoren aller Springer-Verlagsmarken.

Weitere Bände in der Reihe http://www.springer.com/series/13088

Kenny Choo · Eliska Greplova ·
Mark H. Fischer · Titus Neupert

Machine Learning kompakt

Ein Einstieg für Studierende der
Naturwissenschaften

Springer Spektrum

Kenny Choo
Physik-Institut
Universität Zürich
Zürich, Schweiz

Eliska Greplova
Kavli Institute of Nanoscience
Delft University of Technology
Delft, Niederlande

Mark H. Fischer
Physik-Institut
Universität Zürich
Zürich, Schweiz

Titus Neupert
Physik-Institut
Universität Zürich
Zürich, Schweiz

ISSN 2197-6708   ISSN 2197-6716   (electronic)
essentials
ISBN 978-3-658-32267-0   ISBN 978-3-658-32268-7   (eBook)
https://doi.org/10.1007/978-3-658-32268-7

Die Deutsche Nationalbibliothek verzeichnet diese Publikation in der Deutschen Nationalbiblio-
grafie; detaillierte bibliografische Daten sind im Internet über http://dnb.d-nb.de abrufbar.

© Der/die Herausgeber bzw. der/die Autor(en), exklusiv lizenziert durch Springer Fachmedien
Wiesbaden GmbH, ein Teil von Springer Nature 2020
Das Werk einschließlich aller seiner Teile ist urheberrechtlich geschützt. Jede Verwertung, die
nicht ausdrücklich vom Urheberrechtsgesetz zugelassen ist, bedarf der vorherigen Zustimmung
der Verlage. Das gilt insbesondere für Vervielfältigungen, Bearbeitungen, Übersetzungen,
Mikroverfilmungen und die Einspeicherung und Verarbeitung in elektronischen Systemen.
Die Wiedergabe von allgemein beschreibenden Bezeichnungen, Marken, Unternehmensnamen
etc. in diesem Werk bedeutet nicht, dass diese frei durch jedermann benutzt werden dürfen. Die
Berechtigung zur Benutzung unterliegt, auch ohne gesonderten Hinweis hierzu, den Regeln des
Markenrechts. Die Rechte des jeweiligen Zeicheninhabers sind zu beachten.
Der Verlag, die Autoren und die Herausgeber gehen davon aus, dass die Angaben und
Informationen in diesem Werk zum Zeitpunkt der Veröffentlichung vollständig und korrekt
sind. Weder der Verlag, noch die Autoren oder die Herausgeber übernehmen, ausdrücklich oder
implizit, Gewähr für den Inhalt des Werkes, etwaige Fehler oder Äußerungen. Der Verlag bleibt
im Hinblick auf geografische Zuordnungen und Gebietsbezeichnungen in veröffentlichten Karten
und Institutionsadressen neutral.

Planung/Lektorat: Margit Maly
Springer Spektrum ist ein Imprint der eingetragenen Gesellschaft Springer Fachmedien Wies-
baden GmbH und ist ein Teil von Springer Nature.
Die Anschrift der Gesellschaft ist: Abraham-Lincoln-Str. 46, 65189 Wiesbaden, Germany

Was Sie in diesem *essential* finden können

Dieses Buch bietet eine Einführung in die Grundlagen des maschinellen Lernens für Forschende und solche, die es werden wollen.

- Sie lernen die grundlegenden Algorithmen des maschinellen Lernens.
- Sie lernen die Fachterminologie des Feldes zu entziffern.
- Sie machen sich mit den Prinzipien des überwachten und unüberwachten Lernens vertraut, und lernen, was es so erfolgreich macht.
- Sie werden mit verschiedenen Strukturen für künstliche neuronale Netzwerke vertraut und können einschätzen, für welche Problemtypen sie jeweils geeignet sind.
- Sie lernen herauszufinden, auf welche Art ein Algorithmus eine Aufgabe löst.

Inhaltsverzeichnis

Einführung

1

*Im Grunde sind alle Modelle falsch, aber einige sind
nützlich*

George P. E. Box

Maschinelles Lernen und künstliche neuronale Netzwerke sind allgegenwärtig und
verändern unseren Alltag mehr, als uns vielleicht bewusst ist. Die Konzepte dahinter
sind allerdings keine kürzliche Erfindung, sondern gehen bereits auf Ideen aus den
1940er Jahren zurück. Das Perzeptron, der Vorgänger des (künstlichen) Neurons,
das bis heute die kleinste Einheit in vielen neuronalen Netzwerken darstellt, wurde
von Frank Rosenblatt 1958 erfunden und damals von IBM sogar als neuronale
Hardware realisiert.

Es brauchte allerdings ein halbes Jahrhundert, bis diese visionären Ideen auch
technologisch relevant wurden. Heute ist künstliche Intelligenz auf Basis neuronaler
Netzwerke ein integraler Bestandteil von Datenverarbeitungsprozessen mit weitrei-
chenden Anwendungen. Es gibt zwei wesentliche Gründe für diesen Erfolg: Zum
einen spielt die zunehmende Verfügbarkeit von großen und strukturierten Datenmengen den mächtigen maschinellen Lernalgorithmen in die Hände. Zum anderen
hat man festgestellt, dass tiefe Netzwerke (aufgebaut aus vielen Schichten von Neuronen) mit einer großen Zahl variationeller Parameter viel mächtiger sind, als solche
mit nur wenigen Schichten. Dieser zweite Schritt wird als die Deep Learning Revo-
lution bezeichnet. Der theoretische Durchbruch, um mit dieser enormen Anzahl
Parametern umgehen zu können, ist ein Verfahren namens Backpropagation.

Künstliches Neuron, neuronale Netzwerke, Deep Learning, Backpropagation –
bereits nach zwei Absätzen zum Thema dieses Buches stecken wir knietief in Fachterminologie. Wie auch in anderen Gebieten, in denen sich Fachsprache entwickelt,
hilft sie sich effizient zum Thema auszutauschen, ist aber auch eine Hürde für Neu-
einsteiger.

© Der/die Autor(en), exklusiv lizenziert durch Springer Fachmedien Wiesbaden
GmbH, ein Teil von Springer Nature 2020
K. Choo et al., *Machine Learning kompakt,* essentials,
https://doi.org/10.1007/978-3-658-32268-7_1

Häufig steht hinter der Terminologie eine klare mathematische Definition. Ein Ziel dieses Buches ist, diese Bedeutung herauszustellen und damit die Einstiegs-hürde zu verringern. Ein paar Beispiele:

- Ein *künstliches Neuron* ist eine Funktion, die einen reellwertigen Vektor auf eine reelle Zahl abbildet. Es besteht aus einem Skalarprodukt mit einem konstan-ten Gewichtsvektor und wendet auf das Ergebnis eine nichtlineare Funktion an. Diese Form ist von Neuronen im Gehirn inspiriert, die durch Synapsen miteinan-der verbunden sind. Wenn ein Signal durch die Synapsen ankommt, das größer als ein Schwellwert ist, „feuert" das Neuron und transportiert das Signal weiter. Ein künstliches Neuron bildet dieses Verhalten nach.

- *(Feedforward) neuronale Netzwerke* sind ganz allgemein eine Klasse variatio-neller Funktionen, das heißt Funktionen, die von einer Zahl von Parametern abhängen. Sie haben eine Schichtstruktur, und die Funktion in jeder Schicht hat, bis auf die Wahl der Parameter, eine fixe Form.

- *Deep Learning* bezeichnet *maschinelles Lernen* mit tiefen Netzwerken. Maschi-nelles Lernen wiederum ist die Optimierung der variationellen Parameter auf eine bestimmte Funktion des neuronalen Netzwerks hin, wie zum Beispiel eine Klassifikationsaufgabe oder eine Regression.

- Der *Backpropagations-Algorithmus* ist im Kern die Kettenregel der Differential-rechnung. Er hilft, den Rechenaufwand für das Gradientenverfahren, mit anderen Worten für die Änderung des Funktionswertes in Abhängigkeit der variationellen Parameter in einer spezifischen Schicht, zu minimieren.

Genau wie hier werden wir auch im Rest des Buches neue Terminologie stets *her-vorheben*.

Die Begriffe *künstliche Intelligenz, maschinelles Lernen* und *Deep Learning* oder *neuronale Netzwerke* werden manchmal beinahe synonym verwendet, obwohl sie alle verschiedene Dinge bezeichnen. Der erste, künstliche Intelligenz, ist sehr breit und kontrovers. Manchmal wird zwischen „schwachen" und „starken" Formen unterschieden, abhängig vom Grade, zu dem sie menschliche Intelligenz nachemp-finden. Diese Terminologie ist so vage, dass darunter das gesamte Feld subsummiert werden kann. Maschinelles Lernen, der Fokus dieses Buches, ist klarer definiert, und bezieht sich auf Algorithmen, die implizit Information aus Daten destillieren. Dabei werden Algorithmen, die von neuronalen Aktivitäten im Gehirn inspiriert sind, als *kognitives* oder *neuronales* Rechnen bezeichnet. *Künstliche neuronale Netzwerke* schließlich werden in einer spezifischen, wenngleich der weitverbreitetsten Art des maschinellen Lernens verwendet.

Wie maschinelles Lernen ist Statistik auch ein Feld, das die Gewinnung von Informationen aus Daten zum Ziel hat. Der Weg dahin ist jedoch in den beiden Ansätzen klar unterschiedlich. Während in der Statistik Information mathematisch strikt abgeleitet wird, zielt maschinelles Lernen auf die Optimierung einer variationellen Funktion durch das Lernen aus Daten. Nichtsdestotrotz werden uns in diesem Buch Methoden begegnen, die der Statistik entlehnt sind, insbesondere die *Hauptkomponentenanalyse* und *lineare Regression* im Kap. 2.

Die mathematischen Grundlagen des maschinellen Lernens mit neuronalen Netzwerken sind schlecht verstanden: überspitzt gesagt wissen wir nicht, warum Deep Learning funktioniert. Dennoch gibt es einige exakte Resultate für spezielle Fälle. Zum Beispiel bilden bestimmte Klassen von neuronalen Netzwerken eine vollständige Basis im Raum glatter Funktionen. Das bedeutet, wenn sie mit genügend variationellen Parametern ausgestattet werden, können sie jede glatte Funktion beliebig genau annähern. Andere häufig verwendete variationelle Funktionen, die diese Eigenschaft besitzen, sind Taylor oder Fourier-Entwicklungen (mit Koeffizienten als variationelle Parameter). Wir können neuronale Netzwerke als eine Klasse variationeller Funktionen charakterisieren, deren Parameter besonders effizient optimiert werden können.

Ein Optimierungsziel kann zum Beispiel die Klassifikation (Erkennung) von handgeschriebenen Ziffern von ,0' bis ,9' sein. Der Input für das neuronale Netzwerk wäre hier ein Bild von der Zahl, kodiert als Vektor von Grauwerten. Der Output ist eine Wahrscheinlichkeitsverteilung, die angibt wie wahrscheinlich es ist, dass das Bild eine ,0', ,1', ,2' und so weiter zeigt. Die variationellen Parameter des Netzwerks werden so lange modifiziert, bis es diese Aufgabe gut bewältigt. Dies ist ein klassisches Beispiel für überwachtes Lernen. Für die Netzwerkoptimierung werden Daten benötigt, die aus Paaren von Inputs (den Pixelbildern) und Labeln (den Ziffern, die dem Bild entsprechen) bestehen.

Die Hoffnung ist, dass das optimierte Netzwerk auch handgeschriebene Ziffern erkennt, die es während des Lernens nie gesehen hat. Diese Fähigkeit nennt man *Generalisieren*. Sie steht einer Tendenz gegenüber, die man als *Übertrainieren* bezeichnet, was wiederum bedeutet, dass das Netzwerk die Spezifika des Datensatzes gelernt hat, anstelle der abstrakten Eigenschaften, die es ermöglichen eine Ziffer zu identifizieren. Ein illustratives Beispiel von Übertrainieren ist das Fitten eines Polynoms neunter Ordnung an zehn Datenpunkte, ein Unterfangen, das immer perfekt gelingt. Heisst das aber, dass dieses Polynom das System am besten beschreibt? Natürlich nicht! Das Übertrainieren zu verhindern und Algorithmen zu schaffen, die gut generalisieren, sind wichtige Herausforderungen des maschinellen Lernens. Wir werden uns mit verschiedenen Ansätzen beschäftigen, die diesem Ziel dienen.

Abb. 1.1 Beispiele für die handschriftlichen Ziffern in der MNIST Datenbank

Die Erkennung handschriftlicher Ziffern ist zu einer der Standard-Messlatten des Feldes geworden. Warum gerade dieses Problem? Der Grund ist einfach: es gibt einen sehr guten und frei verfügbaren Datensatz dafür, den MNIST Datensatz[1], siehe Abb. 1.1. Dieses Kuriosum betont einen anderen wichtigen Aspekt maschinellen Lernens: Daten sind alles! Der einfachste Weg um maschinell gelernte Resultate zu verbessern ist, mehr und bessere Daten zu verwenden. Es zeigt auch, dass maschinelles Lernen trotz seiner weiten Verbreitung nicht die Lösung zu jedem Problem ist. Es ist vor allem dann sinnvoll, wenn große, ausgewogene, maschinenlesbare und strukturierte Datensätze zur Verfügung stehen.

Diese Buch befasst sich als Einführung vor allem mit Anwendungen des maschinellen Lernens in verschiedenen Bereichen der Naturwissenschaften. Hier kann man eine wahre Explosion von Anwendungen maschinellen Lernens beobachten, was wiederum die Entwicklungen in der Industrie und Technologie widerspiegelt. Maschinelles Lernen wird immer mehr zum universellen Werkzeug für exakte Wissenschaften, das Seite-an-Seite mit Analysis, traditioneller Statistik und numerischen Methoden steht. Wenn man maschinelles Lernen in den Naturwissenschaften anwendet, birgt das seine eigenen Herausforderungen: (i) wissenschaftliche Daten haben oft spezifische Strukturen, wie zum Beispiel die nahezu perfekte Periodizität in atomaren Bildern eines Kristalls; (ii) im Normalfall haben wir Vorwissen über gewisse Korrelationen in den Daten, das in die Analyse mit einfliessen sollte; (iii) wir wollen verstehen, **wie** ein Algorithmus funktioniert, beispielsweise weil wir grundlegende Erkenntnisse über Naturvorgänge gewinnen wollen; (iv) in den Naturwissenschaften benutzen wir für gewöhnlich Analysemethoden, die deterministisch zu Resultaten kommen, während maschinelles Lernen intrinsisch probabilistisch ist – es kennt keine absolute Bestimmtheit. Nichtsdestotrotz ist quantitative Präzision in vielen Bereichen der Naturwissenschaften von höchster Wichtigkeit und darum auch Massstab für Methoden des maschinellen Lernens.

---

[1] http://yann.lecun.com/exdb/mnist

Die Algorithmen, welche wir in diesem Buch behandeln, können in zwei Klassen eingeteilt werden: *diskrimatorisch* oder *generativ*. Beispiele für diskrimatorische Aufgaben sind Klassifikationsprobleme wie die bereits erwähnte Ziffernerkennung oder die Unterscheidung in feste, flüssige und gasförmige Phasen von Substanzen aus Messdaten. Genauso ist Regression, also das Bestimmen von Abhängigkeiten zwischen Variablen, ein diskrimatorisches Problem. Genauer gesagt versuchen wir in dem Fall die Wahrscheinlichkeitsverteilung einer Variable (dem Label) in Abhängigkeit der Input-Daten zu bestimmen. Da es sich um überwachtes Lernen handelt sind die Daten in Input-Output Paaren gegeben. Solche diskrimatorischen Algorithmen sind vergleichsweise unkompliziert auf naturwissenschaftliche Probleme anwendbar, wie wir in den Kapiteln 2 und 3 darstellen.

Dem gegenüber stehen generative Algorithmen, die eine generelle Wahrscheinlichkeitsverteilung reproduzieren sollen. Obwohl diese Methoden, einmal trainiert, prinzipiell viel mächtiger sind, ist das spezifischere diskrimatorische Lernen in vielen Anwendungen vorzuziehen. Dennoch gibt es wichtige Beispiele, in denen generative Algorithmen in den Naturwissenschaften von Nutzen sind, beispielsweise bei der Rauschreduktion oder um neue Materialien oder chemische Verbindungen mit bestimmten Eigenschaften zu finden. Solche Ansätze diskutieren wir in Kap. 4.

Auch und gerade in der Wissenschaft mag das Versprechen von künstlicher **Intelligenz** schnell unrealistische Erwartungen wecken. Schliesslich ist der wissenschaftliche Erkenntnisprozess einer der komplexesten kognitiven Vorgänge, der mit Beobachtungen beginnt und dann über Abstraktion, Thesenbildung und -überprüfung, bis zum Treffen von Vorhersagen reicht. Computeralgorithmen sind sicher weit von diesem Komplexitätsgrad entfernt und werden in absehbarer Zukunft nicht vollautonom neue Naturgesetze formulieren. Dennoch ergründen Forscher, wie maschinelles Lernen einzelne Teile des wissenschaftlichen Prozesses unterstützen kann. Wenngleich das Abstraktionsvermögen zur Formulierung der Newtonschen Gesetze der klassischen Mechanik sehr anspruchsvoll erscheint, eignen sich neuronale Netzwerke ausgezeichnet zur **impliziten Wissensdarstellung.** Genau zu verstehen, wie sie gewisse Aufgaben lösen, ist jedoch nicht einfach. Wir werden diese Frage der Interpretierbarkeit in Kap. 5 beleuchten.

Eine abschließende Bemerkung betrifft die Praxis des Lernens. Obwohl die Mechanik des maschinellen Lernens enorm mächtig ist, ist es wichtig für das jeweilige Problem geeignete Architektur und Trainings-Einstellungen zu wählen, die sogenannten *Hyperparameter.* Es gibt Methoden, diese Hyperparameter auf automatisierte Weise als Teil des Lernprozesses zu bestimmen, diese sind jedoch rechenaufwändig. Der Erfolg beim Einsatz von maschinellem Lernen ist darum auch in der Erfahrung des Wissenschaftlers/der Wissenschaftlerin begründet, geeignete Algorithmen zu verwenden. Durch dieses Buch hinweg werden wir darum immer Beispiele heranziehen, die auf öffentlich zugänglichen Datensätzen beruhen und darum dem Leser/der Leserin die Möglichkeit geben, sich auszuprobieren und möglicherweise die präsentierten Resultate noch zu optimieren.

Maschinelles Lernen ohne neuronale Netzwerke

2

Deep Learning mit neuronalen Netzwerken ist einer der Treiber in der gegenwärtigen Renaissance des maschinellen Lernens. Maschinelles Lernen ist aber keineswegs synonym mit neuronalen Netzwerken. Vielmehr existiert eine Vielfalt von Ansätzen zum maschinellen Lernen ohne neuronale Netzwerke, wobei die Grenze zwischen diesen und den konventionellen Methoden der Statistik nicht immer klar definiert ist.

Es ist ein verbreiteter Irrglaube, dass neuronale Netzwerke solchen Ansätzen überlegen sind. Tatsächlich kann man oft mit einer einfachen linearen Methode schnellere und sogar bessere Ergebnisse erzielen. Und selbst wenn man letztlich tiefe neuronale Netzwerke einsetzen will, empfiehlt es sich mit einem einfacheren Ansatz zu beginnen, um das Problem und die Eigenheiten der Daten besser zu verstehen. In diesem Kapitel widmen wir uns solchen Algorithmen ohne neuronale Netzwerke. Das gibt uns auch Gelegenheit, einige grundlegende Konzepte des maschinellen Lernens und den generellen Arbeitsablauf der Algorithmen zu verstehen.

2.1 Hauptkomponentenanalyse

Im Zentrum unseres Problems für maschinelles Lernen stehen immer Daten. Um die beste Strategie auszuwählen, ist es wichtig, diese Daten gut zu verstehen. Oft beinhaltet ein einzelner Datensatz viele verschiedene Arten von Informationen, welche wir *Merkmale* nennen. Das Gebiet der *multivariaten Statistik* beschäftigt sich mit der Analyse von Daten mit vielen Merkmalen, insbesondere mit der Extraktion von statistischen Schlussfolgerungen daraus. Zum Beispiel könnten wir uns für das Risiko einer Diabeteserkrankung bei Patienten interessieren, wenn wir deren Merkmale Alter, Geschlecht, Body Mass Index und Blutdruck kennen. Besonders hochdimensionale Daten können in der Biologie anfallen, zum Beispiel bei der Ana-

© Der/die Autor(en), exklusiv lizenziert durch Springer Fachmedien Wiesbaden GmbH, ein Teil von Springer Nature 2020
K. Choo et al., *Machine Learning kompakt,* essentials,
https://doi.org/10.1007/978-3-658-32268-7_2

lyse von Genexpression in Zellen. Daten mit vielen Merkmalen sind weder einfach zu visualisieren, noch ist es einfach die wichtigsten Informationen herauszulesen. In solchen Fällen kann die *Hauptkomponentenanalyse* (HKA; auf englisch *principle component analysis*, PCA) nützlich sein.

Kurz gesagt extrahiert die HKA Merkmale oder Kombinationen von Merkmalen, die am stärksten über die Daten variieren. Man kann sich die HKA als eine Approximation der Daten mittels eines hochdimensionalen Ellipsoids vorstellen, wobei die Hauptachsen des Ellipsoids eben diesen Merkmalskombinationen entsprechen. Eine Merkmalskombination, die sich über alle Daten hinweg kaum ändert, die also eine sehr kurze Hauptachse besitzt, ist für den Informationsgehalt der Daten normalerweise nicht wichtig. Wenn wir beispielsweise eine Patientenkohorte mit fast gleichem Alter untersuchen, können wir sicher keinen relevanten Zusammenhang zwischen Alter und Diabetesrisiko herstellen. Die HKA hat zwei wichtige Anwendungen: (1) Sie hilft die Daten im niedrigdimensionalen Raum der Hauptachsen zu visualisieren und (2) sie kann die Grösse der Input-Daten reduzieren, um sie anschliessend mit anderen, komplexeren Algorithmen weiter zu verarbeiten.

2.1.1 HKA Algorithmus

Gegeben seien Daten bestehend aus m Datensätzen die jeweils n Merkmale verzeichnen. Wir können sie in einer $(m \times n)$-dimensionalen Matrix X anordnen, wobei der Eintrag x_{ij} dem j-ten Merkmal des i-ten Datensatzes entspricht. Wir werden auch den Merkmalsvektor x_i benutzen, in dem die n Merkmale des Datensatzes $i = 1, \ldots, m$ aufgelistet sind. Der Vektor x_i kann Werte im *Merkmalsraum* annehmen, zum Beispiel $x_i \in \mathbb{R}^n$. In unserem Diabetesbeispiel haben wir vielleicht 10 Merkmale und die Datensätze von 100 Patienten. Dann enthält unsere Datenmatrix X gerade 100 Zeilen und 10 Spalten.

Das Vorgehen für eine HKA ist als Algorithmus 1 beschrieben.

Algorithmus 1: Hauptkomponentenanalyse (HKA)

1. Daten zentrieren, indem von jeder Spalte der Mittelwert dieser Spalte subtrahiert wird,

$$x_i \mapsto x_i - \frac{1}{m} \sum_{i=1}^{m} x_i. \tag{2.1}$$

Dies garantiert, dass das Mittel über jedes Merkmal Null ist.

2. Berechnung der $n \times n$ Kovarianzmatrix

$$C = X^T X = \sum_{i=1}^{m} x_i x_i^T. \tag{2.2}$$

3. Man diagonalisiere die Matrix, d. h., bringe sie auf die Form $C = X^T X = W \Lambda W^T$. Die Spalten der Matrix W sind normierte Eigenvektoren, die sogenannten Hauptkomponenten, und Λ ist eine Diagonalmatrix, die die Eigenwerte enthält. Es ist hilfreich, diese Eigenwerte vom Größten zum Kleinsten zu sortieren.

4. Man wähle die l größten Eigenwerte $\lambda_1, \dots \lambda_l, l \leq n$ und die entsprechenden Eigenvektoren $v_1 \dots v_l$. Daraus konstruiere man die $(n \times l)$ Matrix $\widetilde{W} = [v_1 \dots v_l]$.

5. Dimensionale Reduktion: Man transformiere die Datenmatrix entsprechend

$$\widetilde{X} = X \widetilde{W}. \tag{2.3}$$

Die Transformierte Datenmatrix $\widetilde{X}$ hat nun die Dimension $m \times l$.

Es ist uns gelungen, die Dimensionalität der Daten von n auf l zu reduzieren. Wir bemerken, dass dabei zwei Dinge passieren: Zum einen haben wir offensichtlich nur noch l Merkmale. Zum anderen sind dies l **neue, linear unabhängige** Merkmale und nicht nur eine Auswahl aus den alten. Vielmehr haben wir geeignete Linearkombinationen aus den Merkmalen gefunden. Um nochmals das Diabetesbeispiel zu bemühen könnte eines der „neuen" Merkmale die Summe aus Blutdruck und Body Mass Index sein. Diese Linearkombinationen werden vom Algorithmus automatisch extrahiert.

Warum aber mussten wir solch eine komplexe Prozedur durchführen, anstatt einfach einige Merkmale wegzulassen? Grund dafür ist, dass die HKA die Maximierung der *Varianz* über die verbleibenden Merkmale sicherstellt. Wir werden die Varianz etwas später in diesem Kapitel genau definieren. Intuitiv bezeichnet sie die Streuung der Daten. Mittels HKA haben wir kurz gesagt l neue Merkmale erhalten, die die Streuung der Datensätze, aufgetragen über diese Merkmale, maximieren. Wir verdeutlichen dies nun mit einem Beispiel.

Beispiel

Wir betrachten besonders einfache Daten mit lediglich 2 Merkmalen. Sie entstammen der Schwertlilien-Datenbank, die Daten über drei Arten von Schwertlilien verzeichnet und Informationen über Länge und Breite der Blütenblätter enthält. Da wir uns nur auf diese zwei Merkmale konzentrieren, sind die Daten einfach zu visualisieren. Abb. 2.1 zeigt wie diese Daten unter der HKA gemäss Algorithmus 1 transformiert werden.

Man beachte, dass in diesem Fall keine dimensionale Reduktion stattfindet, da $l = n$. Die HKA stellt hier also lediglich eine Rotation der Daten dar. Dennoch resultieren daraus zwei neue Merkmale als orthogonale Linearkombinationen der ursprünglichen Daten, nämlich der Breite und der Länge der Blütenblätter

$$w_1 = 0{,}922 \times \text{Länge} + 0{,}388 \times \text{Breite,}$$

$$w_2 = -0{,}388 \times \text{Länge} + 0{,}922 \times \text{Breite.} \qquad (2.4)$$

Es ist klar ersichtlich, dass das erste Merkmal w_1 viel stärker variiert als w_2. Wenn wir also an der Unterscheidung der drei Arten im Sinne einer Klassifikationsaufgabe interessiert sind, ist es nahezu ausreichend, nur das Merkmal mit der grössten Varianz, also w_1, heranzuziehen. Das ist das Resultat der Dimensionsreduktion mittels HKA.

Es sei noch darauf hingewiesen, dass das Merkmal mit der größten Varianz keineswegs immer das wichtigste für jede Art von Problem ist. Ohne Mühe können wir Beispiele konstruieren, wo sogar das Merkmal mit der kleinsten Varianz alle für eine Problemstellung nötige Information enthält. Dennoch ist die HKA eine

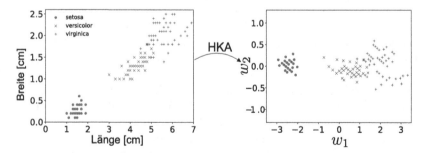

Abb. 2.1 HKA am Beispiel der Länge und Breite von Schwertlilien-Blütenblättern der drei Arten Borsten-Schwertlilien (iris setosa), verschiedenfarbige Schwertlilien (iris versicolor) und iris virginica

Hilfe, die relevante Schlussfolgerungen aus den Daten ermöglicht. Wichtig ist auch, dass die HKA *interpretierbar* ist, das heisst, sie separiert die Daten nicht nur, sondern man erfährt auch, welche Linearkombination von Merkmalen diese Separation ermöglicht. Was hier selbstverständlich erscheint, ist keineswegs so bei neuronalen Netzwerken. Dort ist fehlende Interpretierbarkeit ein großes Problem.

2.1.2 Kernbasierte HKA

Die HKA führt eine lineare Transformation auf den Daten durch. Es gibt allerdings Fälle, in denen das keine vernünftigen Resultate liefert. Als Beispiel ziehen wir frei erfundene Daten mit zwei Klassen und zwei Merkmalen heran, die im linken Teil von Abb. 2.2 dargestellt sind. Mit bloßem Auge sehen wir, dass es möglich sein sollte, diese Daten zu separieren, beispielsweise durch die Entfernung des Datenpunktes vom Ursprung. Da eine lineare Transformation dies nicht bewerkstelligen kann, wird für solche Fälle eine nichtlineare Erweiterung der HKA gebraucht, die sogenannte *kernbasierte HKA*.

Dieser Methode liegt die Idee zugrunde, auf die Daten $x \in \mathbb{R}^n$ zunächst eine vorherbestimmte, nichtlineare vektorwertige Funktion $\Phi(x)$ anzuwenden

$$\Phi : \mathbb{R}^n \to \mathbb{R}^N, \tag{2.5}$$

die eine Abbildung aus dem n-dimensionalen Raum (der den n ursprünglichen Merkmalen entspricht) auf einen N-dimensionalen Merkmalsraum darstellt. Die kernbasierte HKA führt danach die normale HKA auf den so transformierten Daten $\Phi(x)$ durch.

Wenn im Anwendungsfall N sehr groß ist, kann die explizite Anwendung der Transformation Φ ineffizient sein. In dem Fall können wir vom *Kern-Trick* Gebrauch machen. Wir erinnern, dass in der normalen HKA die Eigenwerte und Eigenvektoren der Kovarianzmatrix C aus Gl. (2.2) bestimmt werden. Wenn wir die Eigenvektoren v_j als Linearkombination der transformierten Merkmale schreiben,

$$v_j = \sum_{i=1}^{m} a_{ji} \Phi(x_i), \tag{2.6}$$

wird ersichtlich, dass die Bestimmung der Eigenvektoren äquivalent zur Bestimmung der Koeffizienten $a_{ji} \equiv a_j$ ist. Diese wiederum ergeben sich als Eigenvektoren aus

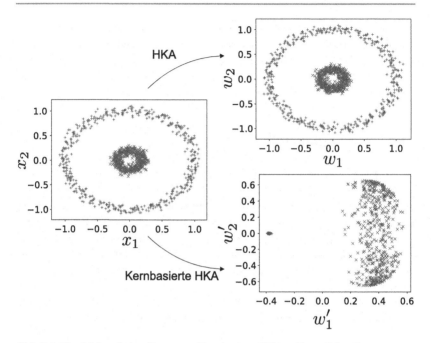

Abb. 2.2 Vergleich zwischen linearer und kernbasierte HKA auf künstlichen Daten

$$Ka_j = \lambda_j a_j, \qquad (2.7)$$

wobei $K_{ij} = K(x_i, x_j) = \Phi(x_i)^T \Phi(x_j)$ als *Kern* bezeichnet wird[1]. Wir können also auch direkt die Kerne berechnen, ohne die Transformation Φ explizit auszuführen. Nachdem diese Eigenwertgleichung nach den a_{ji} gelöst ist, ist die kernbasierte HKA Transformation durch das Skalarprodukt dieser mit den Eigenvektoren v_j gegeben, also

$$x \to \Phi(x) \to y_j = v_j^T \Phi(x) = \sum_{i=1}^{m} a_{ji} \Phi(x_i)^T \Phi(x) = \sum_{i=1}^{m} a_{ji} K(x_i, x), \quad (2.8)$$

wobei wiederum die explizite Anwendung der Transformation Φ vermieden werden kann.

---

[1]Man beachte, dass die Herleitung $\lambda_j \neq 0$ für den Eigenwert erfordert, was für die wichtigsten Hauptkomponenten der Fall ist.

Eine häufige Wahl für den Kern ist die sogenannte radiale Basisfunktion (RBF), definiert als

$$K_{\mathrm{RBF}}(x, y) = \exp\left(-\gamma \|x - y\|^2\right), \qquad (2.9)$$

wobei γ ein freier Parameter ist. Unter Nutzung dieses RBF Kerns vergleichen wir die kernbasierte und die lineare HKA in Abb. 2.2. Es wird deutlich, dass die kernbasierte HKA eine sinnvolle Separation der Daten ermöglicht, während die herkömmliche HKA versagt.

2.2 Lineare Methoden des überwachten Lernens

Überwachtes Lernen ist die Bezeichnung für maschinelles Lernen, bei dem die Daten aus Input-Output Paaren $\{(x_1, y_1), \ldots, (x_m, y_m)\}$ bestehen und unsere Aufgabe ist, eine Funktion zu „lernen", die den Input auf den Output abbildet $f : x \mapsto y$. Wir benutzen hier die Notation für einen vektorwertigen Input x und nur eine einzige reelle Zahl y als Output. Im Allgemeinen kann aber auch der Output vektorwertig sein.

Im Rahmen des überwachten Lernens gibt es im Wesentlichen zwei Typen von Aufgaben: *Klassifikation* und *Regression*. In einer Klassifikationsaufgabe ist der Output y eine diskrete Variable, die der jeweiligen Klassifikations-Kategorie entspricht. Ein Beispiel hierfür wäre die Unterscheidung von Sternen, die ein Planetensystem haben (Exoplaneten), von solchen, die keines haben, aus einer Zeitreihe von Bildern dieser Himmelskörper. Im Gegensatz dazu kann der Output y bei einem Regressionsproblem kontinuierliche Werte annehmen. Die Vorhersage der Niederschlagsmenge aus meteorologischen Daten der vorangegangenen Tage ist so ein Problem.

In diesem Abschnitt befassen wir uns zunächst mit linearen Methoden für diese Lernaufgaben. Im folgenden Kapitel werden wir neuronale Netzwerke als nichtlineare Methoden für überwachte Klassifikation und Regression kennenlernen.

2.2.1 Lineare Regression

Wie der Name suggeriert, handelst es sich bei linearer Regression um das anpassen eines linearen Modells an die Daten. Wir betrachten Daten in der Form von m Input-Output Paaren $\{(x_1, y_1), \ldots, (x_m, y_m)\}$, wobei der Input als n-komponentige Vektoren $x^T = (x_1, x_2, \ldots, x_n)$ und die Outputs y als reelle Zahlen gegeben sind. Das lineare Modell, definiert durch die Parameter β, hat die Form

$$f(x|\boldsymbol{\beta}) = \beta_0 + \sum_{j=1}^{n} \beta_j x_j = \tilde{x}^T \boldsymbol{\beta}, \tag{2.10}$$

wobei $\tilde{x}^T = (1, x_1, x_2, \ldots, x_n)$ und $\boldsymbol{\beta} = (\beta_0, \ldots, \beta_n)^T$ jeweils $(n + 1)$-komponentige Vektoren sind.

Unser Ziel ist es, Parameter $\hat{\boldsymbol{\beta}}$ zu finden, für die $f(x|\hat{\boldsymbol{\beta}})$ eine gute *Schätzfunktion* für die Output-Werte y ist. Um zu quantifizieren, was eine „gute" Schätzfunktion ist, definieren wir eine reellwertige *Verlustfunktion* $L(\boldsymbol{\beta})$. Ein „guter" Parametersatz $\hat{\boldsymbol{\beta}}$ minimiert die Verlustfunktion

$$\hat{\boldsymbol{\beta}} = \underset{\boldsymbol{\beta}}{\operatorname{argmin}}\, L(\boldsymbol{\beta}). \tag{2.11}$$

Es gibt verschiedene, nicht äquivalente Möglichkeiten, die Verlustfunktion zu wählen. Hier benutzen wir die *Quadratsumme der Residuen* (englisch: *residual sum of squares*, RSS)

$$\mathrm{RSS}(\boldsymbol{\beta}) = \sum_{i=1}^{m} [y_i - f(x_i|\boldsymbol{\beta})]^2, \tag{2.12}$$

wobei die Summe über die m Datensätze läuft. Diese Verlustfunktion wird manchmal auch als *L2-Verlust* oder *Gauß-Verlust* bezeichnet und stellt ein Maß für den Abstand zwischen den Output-Werten der Daten y_i und den dazugehörigen Schätzungen $f(x_i|\boldsymbol{\beta})$ dar.

Es empfiehlt sich, die $(m \times (n + 1))$-dimensionale Datenmatrix $\tilde{X}$ einzuführen, deren Zeilen die einzelnen Inputs $\tilde{x}_i^T$ enthalten, sowie den Output-Vektor $Y^T = (y_1, \ldots, y_m)$ zu definieren. Damit können wir Gl. (2.12) kompakt als Matrixgleichung ausdrücken

$$\mathrm{RSS}(\boldsymbol{\beta}) = (Y - \tilde{X}\boldsymbol{\beta})^T (Y - \tilde{X}\boldsymbol{\beta}). \tag{2.13}$$

Das Minimum von $\mathrm{RSS}(\boldsymbol{\beta})$ kann leicht bestimmt werden, indem man die partiellen Ableitungen nach den Komponenten von $\boldsymbol{\beta}$ berechnet. Am Minimum gilt $\frac{\partial \mathrm{RSS}}{\partial \boldsymbol{\beta}} = 0$ und $\frac{\partial^2 \mathrm{RSS}}{\partial \boldsymbol{\beta} \partial \boldsymbol{\beta}^T}$ ist positiv definit. Unter der Annahme, dass $\tilde{X}^T \tilde{X}$ Vollrang hat und damit invertierbar ist, erhalten wir die Lösung

$$\hat{\boldsymbol{\beta}} = (\tilde{X}^T \tilde{X})^{-1} \tilde{X}^T Y. \tag{2.14}$$

Sollte $\widetilde{X}^T \widetilde{X}$ nicht invertierbar sein, was passieren kann, wenn gewisse Merkmale perfekt korreliert sind (beispielsweise $x_1 = 2x_3$), kann man dennoch eine Lösung für $\widetilde{X}^T \widetilde{X} \beta = \widetilde{X}^T Y$ finden, die dann aber nicht eindeutig ist. Wir betonen nochmals, dass der mittlere quadratischer Fehler nur eine der möglichen Verlustfunktionen ist, und dass eine andere Wahl zu einer anderen Lösung $\hat{\beta}$ führen kann.

Bis hierhin haben wir eindimensionale lineare Regression betrachtet, das heißt lineare Regression mit Output y in Form einer einzelnen reellen Zahl. Die Verallgemeinerung zum höherdimensionalen Fall, bei dem der Output durch einen p-komponentigen Vektor $y^T = (y_1, \ldots y_p)$ gegeben ist, ist unkompliziert. Das Modell hat nun die Form

$$f_k(x|\beta) = \beta_{0k} + \sum_{j=1}^{n} \beta_{jk} x_j, \qquad (2.15)$$

wobei die Parameter β_{jk} jetzt noch einen zusätzlichen Index $k = 1, \ldots, p$ besitzen. Wenn wir β als $((n + 1) \times p)$-dimensionale Matrix auffassen, ist die Lösung in derselben Form wie Gl. (2.14) gegeben, mit dem Unterschied, dass Y nun eine $(m \times p)$-dimensionale Output-Matrix ist.

Statistische Analyse

Wir wollen kurz innehalten und die Qualität der Methode betrachten, die wir gerade eingeführt haben. Unsere Analyse wird uns dabei die Gelegenheit bieten, einige statistische Kenngrößen einzuführen, die auch für den Rest des Buches nützlich sind.

Bis anhin haben wir keinerlei Annahmen über die Daten getroffen. Wir haben lediglich vorausgesetzt, dass es sich um Input-Output Paare handelt, also $\{(x_1, y_1), \ldots, (x_m, y_m)\}$. Um die Genauigkeit unseres Modells mathematisch sauber zu bestimmen, müssen wir zusätzliche statistische Eigenschaften der Daten voraussetzen. Man stelle sich vor, dass die Output-Daten $y_1 \ldots, y_m$ aus irgendeiner Form von Messung stammen. Dadurch ist jeder Wert automatisch fehlerbehaftet, wobei $\epsilon_1, \cdots, \epsilon_m$ die Abweichungen der Werte von den „wahren" Outputs ohne Fehler bezeichnet, also

$$y_i = y_i^{\text{true}} + \epsilon_i, \qquad i = 1, \cdots, m. \qquad (2.16)$$

Wir nehmen an, dass es sich beim Fehler ϵ um eine gauß'sche Zufallsgröße mit Mittelwert $\mu = 0$ und Varianz σ^2 handelt, die wir mit $\epsilon \sim \mathcal{N}(0, \sigma^2)$ bezeichnen. Weiterhin nehmen wir an, dass das lineare Modell aus Gl. (2.10) prinzipiell geeignet ist, um unsere Daten zu schätzen. Es stellt sich dann die folgende Frage: Wie verhält sich unsere Lösung $\hat{\beta}$ aus Gl. (2.14) zur wahren Lösung β^{true}, gegeben durch

$$y_i = \beta_0^{\text{true}} + \sum_{j=1}^{n} \beta_j^{\text{true}} x_{ij} + \epsilon_i, \qquad i = 1, \ldots, m? \qquad (2.17)$$

Um über diese Frage statistische Aussagen zu treffen, stellen wir uns vor, dass die Inputs x_i unserer Daten fixiert sind, und wir für diese Inputs wiederholt Realisierungen für die Outputs y_i ziehen. Bei jeder Durchführung erhalten wir verschiedene Werte für y_i entsprechend Gl. (2.17). Damit sind die ϵ_i unkorrelierte Zufallszahlen. Diese Eigenschaft ermöglicht es, formell einen *Erwartungswert* $E(\cdots)$ als Mittel über eine unendliche Zahl von Realisierungen einzuführen. Mit jeder Realisierung erhalten wir neue Daten, die sich von den anderen durch die Output-Werte y_i unterscheiden. Für jede dieser Daten-Realisierungen berechnen wir eine andere Lösung $\hat{\beta}$ entsprechend Gl. (2.14). Der Erwartungswert $E(\hat{\beta})$ ist dann durch den Mittelwert über eine unendliche Zahl von Daten-Realisierungen gegeben. Die Abweichung dieses Mittelwertes vom „wahren" Wert, den man aus perfekten Daten berechnen würde, wird als *systematische Abweichung* oder *Verzerrung* (englisch: *bias*) bezeichnet,

$$\text{Bias}(\hat{\beta}) = E(\hat{\beta}) - \beta^{\text{true}}. \qquad (2.18)$$

Für lineare Regression, die wir hier betrachten, ist der Erwartungswert von β gerade die wahre Lösung, weil

$$E(\hat{\beta}) = E\left((\widetilde{X}^T \widetilde{X})^{-1} \widetilde{X}^T (Y^{\text{true}} + \epsilon) \right)$$
$$= \beta^{\text{true}}, \qquad (2.19)$$

wobei die zweite Gleichheit aus $E(\epsilon) = 0$ folgt und $(\widetilde{X}^T \widetilde{X})^{-1} \widetilde{X}^T Y^{\text{true}} = \beta^{\text{true}}$. Gl. (2.19) impliziert also das Verschwinden der systematischen Abweichung. Man beachte, dass dies für Algorithmen des maschinelles Lernen im Allgemeinen nicht der Fall ist.

Wir wollen weiterhin die Standardabweichung oder Unsicherheit unserer Lösung bestimmen. Diese Information ist in der *Kovarianzmatrix* enthalten

$$\text{Var}(\hat{\beta}) = E\left([\hat{\beta} - E(\hat{\beta})][\hat{\beta} - E(\hat{\beta})]^T \right). \qquad (2.20)$$

Für lineare Regression kann die Kovarianzmatrix aus der Lösung von Gl. (2.14), dem Erwartungswert aus Gl. (2.19) und der Annahme in Gl. (2.17), dass $Y = Y^{\text{true}} + \epsilon$, bestimmt werden und ergibt

$$\text{Var}(\hat{\boldsymbol{\beta}}) = E\left([\hat{\boldsymbol{\beta}} - E(\hat{\boldsymbol{\beta}})][\hat{\boldsymbol{\beta}} - E(\hat{\boldsymbol{\beta}})]^T\right)$$
$$= \sigma^2 (\widetilde{X}^T \widetilde{X})^{-1}. \tag{2.21}$$

In der obigen Herleitung haben wir die Annahme verwendet, dass verschiedene Realisierungen unkorreliert sind, was wiederum $E(\boldsymbol{\epsilon}\boldsymbol{\epsilon}^T) = \sigma^2 I$, mit I als Einheitsmatrix, impliziert. Die Diagonalelemente von $\sigma^2 (\widetilde{X}^T \widetilde{X})^{-1}$ sind dann gerade die Varianz

$$\text{Var}(\hat{\beta}_i) = E((\hat{\beta}_i - \beta_i^{\text{true}})^2) = \sigma^2 \left[(\widetilde{X}^T \widetilde{X})^{-1}\right]_{ii} \tag{2.22}$$

der jeweiligen Parameter β_i. Die Standardabweichung oder Unsicherheit ist durch $\sqrt{\text{Var}(\hat{\beta}_i)}$ gegeben.

Ein Teil fehlt allerdings noch in unserer Rechnung: wir haben nicht erklärt, wie man die Varianzen σ^2 der Outputs y erhält. In einer realen Problemstellung für maschinelles Lernen ist uns der Zusammenhang zu den wahren Werten aus Gl. (2.17) unbekannt. Wir haben lediglich eine einzelne Realisierung der Daten. Wir müssen darum versuchen, die Varianz aus unseren Daten zu schätzen. Das kann wie folgt geschehen:

$$\hat{\sigma}^2 = \frac{1}{m-n-1} \sum_{i=1}^{m} (y_i - f(\boldsymbol{x}_i | \hat{\boldsymbol{\beta}}))^2, \tag{2.23}$$

wobei y_i die Output-Werte aus den Daten sind und $f(\boldsymbol{x}_i | \hat{\boldsymbol{\beta}})$ die jeweilige Schätzung. Wir haben den obigen Ausdruck mit $(m - n - 1)$ anstatt mit m normiert, um sicherzustellen, dass $E(\hat{\sigma}^2) = \sigma^2$. Damit wird $\hat{\sigma}^2$ zum Schätzer für σ^2 ohne systematische Abweichung.

Unser eigentliches Ziel geht darüber hinaus, die Daten durch ein Modell bloß anzunähern. Wir wollen, dass das Modell auch auf Inputs generalisiert, die nicht in den Daten enthalten sind. Um herauszufinden, wie gut das funktioniert, betrachten wir die Voraussage $\tilde{\boldsymbol{a}}^T \hat{\boldsymbol{\beta}}$ für neue, zufällige Input-Output Paare $(\boldsymbol{a}, y_0)$. Wiederum ist der Output fehlerbehaftet, das heisst $y_0 = \tilde{\boldsymbol{a}}^T \boldsymbol{\beta}^{\text{true}} + \epsilon$. Für die Bestimmung des Fehlers der Schätzung berechnen wir den Erwartungswert der Verlustfunktion über diese zuvor unbekannten Daten. Dieser wird auch als *Test-* oder *Generalisierungsfehler* bezeichnet. Für den Gauß-Verlust ist das gerade der *mittlere quadratische Fehler* (english: *mean square error*, MSE)

$$\text{MSE}(\hat{\boldsymbol{\beta}}) = E\left((y_0 - \boldsymbol{a}^T\hat{\boldsymbol{\beta}})^2\right)$$

$$= E\left((\epsilon + \boldsymbol{a}^T\boldsymbol{\beta}^{\text{true}} - \boldsymbol{a}^T\hat{\boldsymbol{\beta}})^2\right) \tag{2.24}$$

$$= E(\epsilon^2) + [\boldsymbol{a}^T(\boldsymbol{\beta}^{\text{true}} - E(\hat{\boldsymbol{\beta}}))]^2 + E\left([\boldsymbol{a}^T(\hat{\boldsymbol{\beta}} - E(\hat{\boldsymbol{\beta}}))]^2\right)$$

$$= \sigma^2 + [\boldsymbol{a}^T\text{Bias}(\hat{\boldsymbol{\beta}})]^2 + \boldsymbol{a}^T\text{Var}(\hat{\boldsymbol{\beta}})\boldsymbol{a}.$$

Dieser Ausdruck besteht aus drei Termen. Der erste ist die irreduzible oder intrinsische Unsicherheit der Daten. Der zweite Term ist die Verzerrung und der dritte Term ist die Varianz des Modells. Für lineare Regression mit Gauß-Verlust fällt die systematische Abweichung weg und

$$\text{MSE}(\hat{\boldsymbol{\beta}}) = \sigma^2 + \boldsymbol{a}^T\text{Var}(\hat{\boldsymbol{\beta}})\boldsymbol{a}. \tag{2.25}$$

Ausgehend von der Annahme aus Gl. (2.17), dass die Daten einem linearen Zusammenhang mit Gauß-verteiltem Fehler folgen, kann man zeigen, dass die Lösung aus dem Gauß-Verlust, Gl. (2.14), den kleinsten Fehler von allen linearen verzerrungsfreien Schätzfunktionen, Gl. (2.10), liefert. Diese Tatsache ist als Satz von Gauß-Markow bekannt.

Damit ist unsere Fehleranalyse abgeschlossen.

Regularisierung und der Kompromiss zwischen Verzerrung und Varianz
Während die Lösung mit Gauß-Verlust unter den Methoden ohne systematische Abweichung den kleinsten Fehler aufweist, deutet der Ausdruck für den viel wichtigeren Generalisierungsfehler, Gl. (2.24), darauf hin, dass man letzteren weiter reduzieren kann, wenn man eine gewisse systematische Abweichung in Kauf nimmt.

Ein Weg zur Reduktion des Generalisierungsfehlers besteht im Weglassen einiger Merkmale der Daten. Aus den n Merkmalen $\{x_1, \ldots x_n\}$ wählen wir dazu eine Untermenge $\mathcal{M}$ aus. Beispielsweise können wir $\mathcal{M} = \{x_1, x_3, x_7\}$ wählen und ein neues lineares Modell wie folgt definieren

$$f(\boldsymbol{x}|\boldsymbol{\beta}) = \beta_0 + \sum_{x_j \in \mathcal{M}} \beta_j x_j. \tag{2.26}$$

Das entspricht dem ursprünglichen Modell, wenn man die entsprechenden Parameter auf Null fixiert, $\beta_k = 0$ falls $x_k \notin \mathcal{M}$. Die Minimierung des Gauß-Verlusts mit dieser Zwangsbedingung ergibt einen verzerrten Schätzer. Gleichzeitig reduziert sich aber möglicherweise die Varianz des Modells, was insgesamt zu einer Verringerung des Generalisierungsfehlers führen kann. Wenn die Zahl der Merkmale klein ist, $n \sim 20$, kann man einfach alle Untermengen von Merkmalen testen, bis man den Generalisierungsfehler minimiert hat. Für hochdimensionale Daten ist dieser naive Ansatz aber nicht praktikabel.

Eine populäre Alternative ist die *Ridge-Regression* oder *L2-Regression*. Dabei wird dasselbe lineare Modell aus Gl. (2.10) betrachtet, aber nun mit einer modifizierten Verlustfunktion

$$L_{\text{ridge}}(\boldsymbol{\beta}) = \sum_{i=1}^{m} [y_i - f(\boldsymbol{x}_i|\boldsymbol{\beta})]^2 + \lambda \sum_{j=0}^{n} \beta_j^2, \qquad (2.27)$$

wobei $\lambda > 0$ ein positiver Parameter ist. Dies ist beinahe identisch mit dem Gauß-Verlust, abgesehen von dem entscheidenden Term proportional zu λ [vgl. Gl. (2.12)]. Dieser neue Term bestraft große, bzw. begünstigt kleine Absolutwerte für β_j. Der Parameter λ ist ein Beispiel für einen *Hyperparameter,* der während des Trainings konstant gehalten wird. Wenn wir λ fixieren und die Verlustfunktion minimieren, erhalten wir die Lösung

$$\hat{\boldsymbol{\beta}}_{\text{ridge}} = (\widetilde{X}^T \widetilde{X} + \lambda I)^{-1} \widetilde{X}^T Y, \qquad (2.28)$$

aus der wir ersehen, dass im Grenzfall $\lambda \to \infty$ auch $\hat{\boldsymbol{\beta}}_{\text{ridge}} \to \boldsymbol{0}$. Aus der Verzerrung und der Varianz wiederum

$$\text{Bias}(\hat{\boldsymbol{\beta}}_{\text{ridge}}) = -\lambda(\widetilde{X}^T \widetilde{X} + \lambda I)^{-1} \boldsymbol{\beta}^{\text{true}}$$
$$\text{Var}(\hat{\boldsymbol{\beta}}_{\text{ridge}}) = \sigma^2 (\widetilde{X}^T \widetilde{X} + \lambda I)^{-1} \widetilde{X}^T \widetilde{X} (\widetilde{X}^T \widetilde{X} + \lambda I)^{-1}, \qquad (2.29)$$

ist ersichtlich, dass eine Erhöhung von λ auch zu einer Erhöhung der systematischen Abweichung führt, während es die Varianz reduziert. Das ist das Gegenspiel zwischen systematischer Abweichung und Varianz. Wenn wir λ geeignet wählen, kann so der Generalisierungsfehler reduziert werden. Im nächsten Abschnitt werden wir eine Methode zur optimalen Wahl von λ kennenlernen.

Das Verfahren zur Reduktion des Generalisierungsfehlers durch Verringerung der Merkmalszahl und die Ridge-Regression sind Teil einer großen Klasse von Methoden der *Regularisierung.* Wenn wir diese zwei Ansätze betrachten, stellen wir bereits eine Gemeinsamkeit fest: sie reduzieren beide die Komplexität des Modells. Im ersten geschieht dies sehr direkt, indem einige Parameter auf Null gesetzt werden, während im zweiten Ansatz eine Zwangsbedingung diese Aufgabe übernimmt. Modelle geringerer Komplexität haben im allgemeinen eine größere systematische

Abb. 2.3 Gegenspiel
zwischen Verzerrung und
Varianz

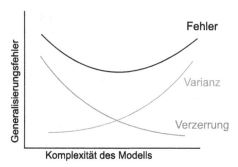

Abweichung und eine kleinere Varianz. Wenn diese beiden gegenläufigen Tenden-
zen genutzt werden, kann man, wie in Abb. 2.3 gezeigt, den Generalisierungsfehler
verringern.

Im nächsten Kapitel werden wir sehen, dass die Idee der Regularisierung über
lineare Modelle hinaus Anwendung findet. Zunächst wollen wir die Theorie aber
noch mit einem Beispiel untermauern.

Beispiel
Wir wollen die lineare Regression auf ein Daten-Beispiel aus der Medizin anwenden. Im gleichen Zuge werden wir den typischen Arbeitsablauf des maschinellen
Lernens kennenlernen (siehe Abb. 2.4). Im Beispiel haben die Daten 10 Merkmale, nämlich Alter, Geschlecht, Body Mass Index, durchschnittlicher Blutdruck

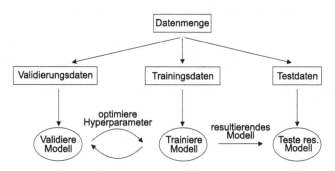

Abb. 2.4 Typischer Arbeitsablauf beim maschinellen Lernen

und sechs Messungen aus dem Blutserum von 442 Diabetespatienten[2] und unsere Aufgabe besteht darin, ein Modell $f(x|\beta)$ [Gl. (2.10)] zu trainieren, sodass ein quantitatives Mass für den Fortschritt der Krankheit nach einem Jahr resultiert.

Wie bereits erwähnt, ist das übergeordnete Ziel nicht den kleinsten möglichen Wert für die Verlustfunktion zu erhalten, sondern den Generalisierungsfehler auf ungesehenen Daten zu minimieren [vgl. Gl. (2.24)]. Typischerweise teilt man dazu die Datenmenge in drei sich nicht überschneidende Untermengen: Trainingsdaten, Validierungsdaten und Testdaten. Der darauf basierende Arbeitsablauf ist in der Abb. 2.4 und der Box 1 zusammengefasst.

Box 1: Workflow beim maschinellen Lernen

1. Man teile die Datenmenge in Trainingsdaten $\mathcal{T}$, Validierungsdaten $\mathcal{V}$ und Testdaten $\mathcal{S}$. Eine typische Aufteilung folgt dem Verhältnis 70:15:15.
2. Man wähle Werte für die Hyperparameter, wie beispielsweise λ in Gl. (2.27).
3. Man trainiere das Modell nur mit den Trainingsdaten, was in diesem Fall der Minimierung der Verlustfunktion entspricht. [Das heißt Auswertung von Gl. (2.14) oder (2.28) für lineare Regression, wobei $\tilde{X}$ nur die Trainingsdaten enthält.]
4. Man berechne den mittleren quadratischen Fehler (oder ein anderes geeignetes Maß für den Fehler) auf den Validierungsdaten, folglich Gl. (2.24),

$$\text{MSE}_{\text{valid}}(\hat{\beta}) = \frac{1}{|\mathcal{V}|} \sum_{j \in \mathcal{V}} (y_j - f(x_j|\hat{\beta}))^2. \tag{2.30}$$

   Diese Größe wird auch als *Validierungsfehler* bezeichnet.
5. Man wähle andere Werte für die Hyperparameter und wiederhole die Schritte 3 und 4, bis der Validierungsfehler minimiert ist.
6. Man werte das resultierende Modell auf den Testdaten aus

$$\text{MSE}_{\text{test}}(\hat{\beta}) = \frac{1}{|\mathcal{S}|} \sum_{j \in \mathcal{S}} (y_j - f(x_j|\hat{\beta}))^2. \tag{2.31}$$

---

[2]https://www4.stat.ncsu.edu/~boos/var.select/diabetes.html

Hierbei ist entscheidend, dass die Testdaten S weder zur Optimierung der Parameter β noch zur Optimierung der Hyperparameter wie etwa λ benutzt wurden. Wenn wir dieses Vorgehen auf die Diabetesdaten anwenden, erhalten wir die in Abb. 2.5 dargestellten Resultate. Dort vergleichen wir die lineare Regression mit Gauß-Verlust und die Ridge-Regression und stellen in der Tat fest, dass durch geeignete Wahl des Hyperparameters λ der Generalisierungsfehler minimiert werden kann.

Als Nebenbemerkung zur Ridge-Regression halten wir fest, dass auf der linken Seite von Abb. 2.6 mit steigendem λ der Betrag der Parameter $\hat{\beta}_{\text{ridge}}$ aus Gl. (2.28) stetig abnimmt. Wir wollen dies einer anderen Regression-Methode, der sogenannten *Lasso-Regression* (oder *L1-Regression*), gegenüberstellen. Für diese gilt die Verlustfunktion

$$L_{\text{lasso}}(\boldsymbol{\beta}) = \sum_{i=1}^{m} [y_i - f(\boldsymbol{x}_i | \boldsymbol{\beta})]^2 + \alpha \sum_{j=0}^{n} |\beta_j|. \qquad (2.32)$$

Ungeachtet der Gemeinsamkeiten zeigt die Lasso-Regression ein deutlich anderes Verhalten, wie auf der rechten Seite von Abb. 2.6 dargestellt. Man bemerke, dass mit wachsendem α einige Parameter komplett verschwinden und damit ignoriert werden können. Das entspricht dem Weglassen von Merkmalen und kann nützlich sein, wenn wir die relevanten Merkmale in den Daten bestimmen wollen.

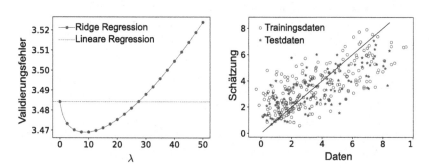

Abb. 2.5 Ridge-Regression für Daten von Diabetespatienten. Links: Validierungsfehler in Abhängigkeit von λ. Rechts: Testdaten gegenüber der Schätzung des trainierten Modells. Wäre die Schätzung komplett fehlerfrei, würden alle Punkte auf der durchgezogenen Linie liegen

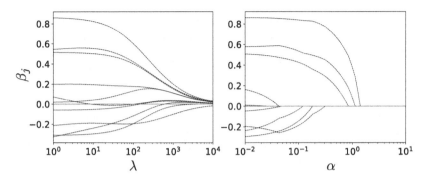

Abb. 2.6 Abhängigkeit der Modellparameter. Mit wachsenden Hyperparametern λ und α reduziert sich der Betrag der Modellparameter, wie hier am Beispiel der Ridge- (links) und Lasso-Regression (rechts) für die Diabetesdaten gezeigt

2.2.2 Lineare Klassifikationsmethode

Aufgabe in einem Klassifizierungsproblem ist es, den Input einer Klasse aus einem endlichen Satz von Klassen zuzuordnen. Wenn man dies als überwachte Lernaufgabe formuliert, geht es abermals um Daten, die aus Input-Output-Paaren bestehen $\{(x_1, y_1), \ldots, (x_m, y_m)\}$. Im Gegensatz zur linearen Regression ist der Output y nun aber eine diskrete (ganzzahlige) Variable, deren Werte die Klassen kodieren.

Wenn p die Anzahl der Klassen bezeichnet, scheint es natürlich den Output über die ganzen Zahlen $y = 1, \ldots, p$ laufen zu lassen. Es stellt sich aber als nützlicher heraus, eine andere Kodierung, die sogenannte *One-Hot-Kodierung,* zu verwenden. Dabei wird der Output y als p-dimensionaler Einheitsvektor in y-Richtung gewählt $e^{(y)}$,

$$y \longrightarrow e^{(y)} = \begin{bmatrix} e_1^{(y)} \\ \vdots \\ e_y^{(y)} \\ \vdots \\ e_p^{(y)} \end{bmatrix} = \begin{bmatrix} 0 \\ \vdots \\ 1 \\ \vdots \\ 0 \end{bmatrix}, \tag{2.33}$$

wobei $e_l^{(y)} = 1$ wenn $l = y$ und Null für alle anderen $l = 1, \ldots, p$. Ein Vorteil dieser Kodierung ist, dass man keine möglicherweise verzerrende Ordnung der Klassen zugrunde legt, wie es der Fall wäre, wenn wir die Klassen entlang der ganzen Zahlen ordnen.

Ein linearer Zugang zur Klassifizierung erfolgt in Analogie zur linearen Regression. Wir passen ein mehrdimensionales lineares Modell, Gl. (2.15), den one-hot-kodierten Daten $\{(x_1, e^{(y_1)}), \ldots, (x_m, e^{(y_m)})\}$ an. Durch Minimierung des Gauß-Verlusts, Gl. (2.12), erhalten wir die Lösung $\hat{\beta} = (\widetilde{X}^T \widetilde{X})^{-1} \widetilde{X}^T Y$, wobei Y die $(m \times p)$-dimensionale Outputmatrix bezeichnet, siehe Gl. (2.14). Für gegebenen Input x ist die Vorhersage ein p-komponentiger Vektor $f(x|\beta) = \tilde{x}^T \beta$. Ein allgemeiner Input x führt offensichtlich dazu, dass alle Komponenten des Output-Vektors reellwertig und von Null verschieden sind, und nicht genau einen der One-Hot-Basisvektoren darstellen. Um eine Schätzung für die Klasse zu erhalten $F(x|\beta) = 1, \ldots, p$ zieht man die Position des größten Elements in diesem Vektor heran,

$$F(x|\beta) = \operatorname{argmax}_k f_k(x|\beta). \tag{2.34}$$

Die argmax Funktion ist ein erstes Beispiel einer sogenannten *Aktivierungsfunktion*. Im nächsten Kapitel werden uns weitere Beispiele für Aktivierungsfunktionen begegnen.

Dieser lineare Ansatz zur Klassifikation von one-hot-kodierten Daten hat typischerweise Schwächen, sobald es mehr als zwei Klassen gibt. Im nächsten Kapitel werden wir sehen, wie nichtlineare Erweiterungen dieser Idee viel bessere Resultate liefern können.

Neuronale Netzwerke und überwachtes Lernen

Im vorigen Kapitel haben wir die Grundlagen des maschinellen Lernens für konventionelle Methoden wie die lineare Regression oder die Hauptkomponentenanalyse kennen gelernt. Hier werden wir uns dem komplexeren Thema *neuronaler Netzwerke* widmen. Diese haben für den überwältigenden Erfolg maschinellen Lernens mit vielen praktischen Anwendungen die zentrale Rolle gespielt.

Die Idee hinter dem Konstrukt des neuronalen Netzwerks ist eine Analogie zur Informationsverarbeitung in biologischen Organismen. Gehirne bestehen aus Neuronen, elektrisch aktivierten Nervenzellen, und sind durch Synapsen verbunden, die für den Informationsaustausch zwischen Neuronen sorgen. Das Gegenstück zu dieser Struktur, ein künstliches neuronales Netzwerk, oder kurz neuronales Netz, ist eine mathematische Funktion, die auf Basis dieses Funktionsprinzips definiert ist. Sie ist aus elementaren Funktionen aufgebaut, den *Neuronen*, die in *Schichten* (oder *Layern*) strukturiert und miteinander verbunden sind. Um die Notation zu vereinfachen, werden Neuronen und Netzwerke häufig grafisch dargestellt, wie in Abb. 3.1. Die Verbindungen in der grafischen Darstellung bedeuten, dass der Output von einer Gruppe Neuronen (in einer Schicht) als Input für die Neuronen in der folgenden Schicht genutzt wird. Dies gibt dem Informationsfluss von einer Schicht zur nächsten eine Richtung, weshalb die Bezeichnung *Feedforward-Netzwerke* (deutsch ungefähr: *vorwärtsgekoppeltes Netzwerk*) geläufig ist.

Allgemein gesprochen ist ein künstliches neuronales Netzwerk ein Beispiel für eine Klasse variationeller nichtlinearer Funktionen, die einen (potentiell hochdimensionalen) Input auf einen gewünschten Output abbilden. Neuronale Netzwerke sind dabei sehr leistungsfähig, und es lässt sich beweisen, dass mit bestimmten Strukturen jede glatte Funktion beliebig genau durch ein neuronales Netzwerk angenähert werden kann, wenn die Zahl der Neuronen groß genug gewählt wird.

In diesem Kapitel werden wir eine Art der Optimierung neuronaler Netzwerke kennenlernen, das *überwachte Lernen*. Ein Algorithmus für maschinelles Lernen

© Der/die Autor(en), exklusiv lizenziert durch Springer Fachmedien Wiesbaden GmbH, ein Teil von Springer Nature 2020
K. Choo et al., *Machine Learning kompakt,* essentials,
https://doi.org/10.1007/978-3-658-32268-7_3

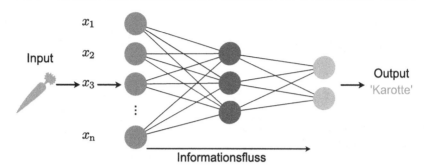

Abb. 3.1 Graphische Darstellung und grundlegende Architektur eines Feedforward neuronalen Netzwerks

heißt immer dann überwacht, wenn Daten in Form von Input-Output-Paaren genutzt werden, oder mit anderen Worten, wenn der „korrekte" Output, den das Netzwerk lernen soll, für die Daten bekannt ist.

3.1   Ein Neuron als Funktion

Der grundlegende Baustein für ein neuronales Netzwerk ist das Neuron. Wir betrachten ein einzelnes Neuron, das mit k Neuronen aus der vorigen Schicht verbunden ist. Es entspricht einer Funktion $f : \mathbb{R}^k \rightarrow \mathbb{R}$, die aus einer linearen Abbildung $q : \mathbb{R}^k \rightarrow \mathbb{R}$ und einer nichtlinearen Funktion (der sogenannten *Aktivierungsfunktion*) $g : \mathbb{R} \rightarrow \mathbb{R}$ aufgebaut ist. Konkret heißt das

$$f(z_1, \ldots, z_k) = g(q(z_1, \ldots, z_k)), \tag{3.1}$$

wobei $z_1, z_2, \ldots, z_k$ der Output der Neuronen aus der vorhergehenden Schicht ist, siehe linke Seite Abb. 3.2.

Die lineare Abbildung ist wie folgt parametrisiert

$$q(z_1, \ldots, z_k) = \sum_{j=1}^{k} w_j z_j + b. \tag{3.2}$$

Die reellen Zahlen $w_1, w_2, \ldots, w_k$ werden *Gewichte* genannt und können als die „Stärke" der Verbindung zu den Neuronen in der vorigen Schicht aufgefasst werden.

Die reelle Zahl b wird als *Bias* bezeichnet und ist einfach ein konstanter Offset [1].
Gewichte und Bias sind die variationellen Parameter, die während dem *Training* des
Netzwerks optimiert werden müssen.

Die Aktivierungsfunktion g ist wichtig, um mit dem Netzwerk beliebige glatte
Funktionen anzunähern. Ohne sie wäre das Netzwerk lediglich eine Abfolge von
linearen Transformationen. Darum muss g immer nichtlinear sein. (Sie kann aber
stückweise linear sein). In der Analogie mit biologischen Neuronen steht g für die
Eigenschaft eines Neurons zu „feuern", was heißt, dass es monoton wächst und
einen starken Output erzeugt, wenn das Input-Potential über einen Schwellwert
ansteigt. Es gibt einige häufig verwendete Aktivierungsfunktionen, aus denen man
typischerweise wählt. Sie sind in Abb. 3.2 gezeigt und in Box 2 erklärt.

Box 2: Aktivierungsfunktionen

1. *ReLU*: ReLU steht für *rectified linear unit* und verschwindet für alle negativen Zahlen, während es eine linear wachsende Funktion für positive
   Zahlen ist.
2. *Sigmoid*: Die Sigmoid-Funktion ist eine geglättete Version der Stufen-
   funktion.
3. *Hyperbolischer Tangens*: Der hyperbolische Tangens hat ein ähnliches
   Verhalten wie Sigmoid, kann aber sowohl positive als auch negative Werte
   annehmen.
4. *Softmax*: Die Softmax-Funktion wird häufig für die letzte Schicht in einem
   neuronalen Netzwerk für Klassifikationsaufgaben genutzt (siehe unten).

Im Gegensatz zu den variationellen Parametern ist die Aktivierungsfunktion Teil der
Struktur eines Netzwerks und wird darum während des Trainings nicht verändert.
Typischerweise verwendet man die gleiche Aktivierungsfunktion für alle Neuronen
einer Schicht, von Schicht zu Schicht aber kann sie variieren. Die geeignete Wahl
der Aktivierungsfunktion geschieht eher heuristisch als systematisch.

Unter den genannten Aktivierungsfunktionen ist Softmax ein Spezialfall, weil sie
explizit von allen Outputs der Neuronen derselben Schicht abhängt. Wir bezeichnen
mit $l = 1, \dots, n$ die n Neuronen einer bestimmten Schicht und mit q_l den Output

---

[1]Dieser Bias ist nicht dasselbe wie die Verzerrung, die wir in der linearen Regression kennengelernt haben, und die im Englischen auch als *bias* bezeichnet wird.

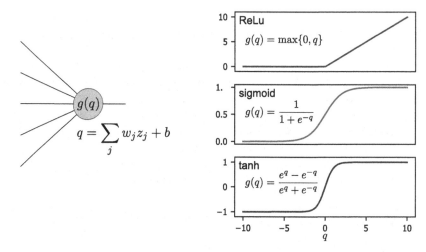

Abb. 3.2 Darstellung der Transformation, die ein einzelnes Neuron durchführt, und Überblick über häufig benutzte Aktivierungsfunktionen

ihrer jeweiligen linearen Abbildungen. Die Definition von *softmax* ist dann

$$g_l(q_1, \ldots, q_n) = \frac{e^{-q_l}}{\sum_{l'=1}^{n} e^{-q_{l'}}} \tag{3.3}$$

für den Output von Neuron l. Eine nützliche Eigenschaft von Softmax ist

$$\sum_l g_l(q_1, \ldots, q_n) = 1, \tag{3.4}$$

was erlaubt, den Output einer Schicht als Wahrscheinlichkeitsverteilung zu interpretieren. Die Softmax-Funktion ist darum eine kontinuierliche Verallgemeinerung der Argmax-Funktion, die wir im vorigen Kapitel kennengelernt haben.

3.2   Ein einfaches neuronales Netz

Nun, da wir einzelne Neuronen verstehen, können wir diese zu einem neuronalen Netzwerk verbinden. Die Struktur eines einfachen (Feedforward-)Netzwerks ist in Abb. 3.3 dargestellt. Die erste und letzte Schicht sind die Input- beziehungs-

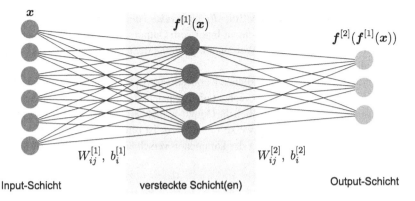

Abb. 3.3 Struktur und variationelle Parameter $\{W_{ij}^{[n]}, b_i^{[n]}\}$ eines einfachen neuronalen Netzwerkes

weise Output-Schicht und werden als *sichtbare Schichten* bezeichnet, weil sie direkt zugänglich sind. Alle anderen Schichten dazwischen sind weder durch Input bestimmt, noch geben sie direkten Output, und werden darum *versteckte Schichten* genannt.

Im typischen Fall, dass das Netzwerk reellen vektorwertigen Input nimmt, bezeichnen wir diesen mit x. Das Netzwerk bildet den Input auf den Output $F(x)$ ab, der im allgemeinen auch vektorwertig sein kann. Als elementares und konkretes Beispiel schreiben wir die vollständige Funktion für ein neuronales Netzwerk mit einer versteckten Schicht, wie in Abb. 3.3 gezeigt, auf

$$F(x) = g^{[2]}\left(W^{[2]}g^{[1]}\left(W^{[1]}x + b^{[1]}\right) + b^{[2]}\right). \tag{3.5}$$

Dabei stehen $W^{[n]}$ und $b^{[n]}$ für die Matrix der Gewichte beziehungsweise den Bias-Vektor der n-ten Schicht. Konkret ist $W^{[1]}$ die $l \times k$-dimensionale Gewichts-Matrix der versteckten Schicht, wobei k und l die Zahl der Neuronen in der Input- beziehungsweise der versteckten-Schicht ist. $W_{ij}^{[1]}$ ist das j-te Element des Gewichts-Vektors von Neuron i in der versteckten Schicht, während $b_i^{[1]}$ der Bias dieses Neurons ist. Weiter sind $W_{ij}^{[2]}$ und $b_i^{[2]}$ die entsprechenden Größen für die Output-

Schicht. Das Netzwerk wird *vollständig verbunden* oder *dicht* gennant, weil jedes Neuron in einer bestimmten Schicht Input vom Output aller Neuronen der vorigen Schicht benutzt. Mit anderen Worten, alle Einträge der Gewichts-Matrizen können von Null verschieden sein.

Für die Auswertung eines solchen Netzwerks werden zunächst die Outputs aller Neuronen der ersten Schicht berechnet und gespeichert, dann in die zweite Schicht gespeist und so fort, bis schließlich die Output-Schicht erreicht ist. Dieses Vorgehen, das nur für Feedforward-Netzwerke funktioniert, ist offensichtlich viel effizienter als die abermalige Auswertung der kompletten verschachtelten Funktion für jedes einzelne Output-Neuron.

3.3 Training

Die Optimierung der Gewichte und Bias-Vektoren, sodass das Netzwerk eine gewünschte Aufgabe entsprechend der gegeben Daten $\mathcal{D} = \{(x_1, y_1), \ldots, (x_m, y_m)\}$ erfüllt, ist das *Trainieren* des Netzwerks. Anders ausgedrückt ist das Training der Prozess, durch den das Netzwerk einer gewünschten Funktion $\hat{F}(x) = y$ angenähert wird. Am Beispiel von Abb. 3.1 bedeutet dies, Gewichte und Bias so zu wählen, dass das Netzwerk das Bild einer Möhre als ‚Möhre' klassifiziert. Da jedes Neuron seine eigenen Gewichte und Bias hat, kommt möglicherweise eine große Zahl variationeller Parameter zusammen, die im allgemeinen alle optimiert werden müssen.

Wir haben bereits im vorangegangenen Kapitel gesehen, wie das Training einer variationellen Funktion prinzipiell funktioniert. Für das Lernen führen wir eine *Verlustfunktion* $L(\theta)$ ein, die misst, wie gut das Netzwerk den korrekten Output für gegebenen Input annähert. Durch das neuronale Netzwerk hängt die Verlustfunktion von Gewichten und Bias ab, die wir symbolisch als $\theta = \{W, b\}$ zusammenfassen.

Die Wahl der Verlustfunktion kann die Effizienz des Trainings stark beeinflussen, und wird heuristisch getroffen (genau wie es bei der Wahl der Aktivierungsfunktion der Fall war). Im vorigen Kapitel ist uns bereits eine Verlustfunktion begegnet, der mittlere quadratische Fehler

$$L(\theta) = \frac{1}{m} \sum_{i=1}^{m} \|F(x_i) - y_i\|_2^2. \tag{3.6}$$

Dabei steht $\|a\|_2 = \sqrt{\sum_i a_i^2}$ für die *L2-Norm*, weshalb diese Verlustfunktion auch als *L2-Verlust* bezeichnet wird. Ein Vorteil des *L2-Verlustes* ist, dass er eine glatte

Funktion der variationellen Parameter ist. Eine weiter geläufige Verlustfunktion ist der *mittlere absolute Fehler*, gegeben durch

$$L(\theta) = \frac{1}{m} \sum_{i=1}^{m} ||F(x_i) - y_i||_1, \tag{3.7}$$

wobei $||a||_1 = \sum_i |a_i|$ die $L1$-Norm bezeichnet. Diese Verlustfunktion wird darum auch *L1-Verlust* genannt. Generell gewichtet der $L2$-Verlust durch die Quadrate Werte mit großer Abweichung stärker als der $L1$-Verlust. Diese beiden Verlustfunktionen werden normalerweise für Netzwerke mir kontinuierlichem Output verwendet. Für diskrete Klassifikationsprobleme hingegen, bei denen $F(x)$ eine Wahrscheinlichkeitsverteilung über die Klassen darstellt, ist die *Kreuzentropie* zwischen wahrem Label y_i und Netzwerk-Output $F(x_i)$ eine gute Wahl. Sie ist definiert als

$$L_{\text{ent}}(\theta) = - \sum_{i=1}^{m} y_i \cdot \ln\left(F(x_i)\right), \tag{3.8}$$

wobei der Logarithmus elementweise genommen wird. Diese Verlustfunktion wird auch als *negativer Log-Likelihood* bezeichnet.

Mit der Definition der Verlustfunktion wissen wir auch schon, wie wir das Netzwerk trainieren können: wir müssen $L(\theta)$ bezüglich $\theta = \{W, b\}$ minimieren. Allerdings ist L typischerweise eine hochdimensionale Funktion mit vielen, beinahe entarteten Minima. Im Unterschied zum Fall der linearen Regression kann das absolute Minimum im Normalfall darum nicht analytisch gefunden werden, und auch die numerische Suche danach ist zu aufwändig. Das praktische Ziel ist darum, durch das Training ein „gutes" lokales, anstatt des globalen Minimums zu finden. Wenn somit „gute" Werte für θ bestimmt wurden, kann das Netzwerk auf Daten angewendet werden, die nicht zum Training verwendet wurden.

Wie aber findet man ein Minimum dieser hochdimensionalen Verlustfunktion? Dabei kommt die iterative Methode names *Gradientenabstieg* zum Einsatz. Intuitiv gesprochen lässt uns diese Methode in der Parameterlandschaft talwärts laufen, bis ein (lokales) Minimum erreicht ist. Um die Richtung zu bestimmen, benutzen wir die (diskreten) Ableitungen der Verlustfunktion bezüglich der Gewichte und Bias. Diese werden wiederholt aktualisiert, um so durch kleine Schritte

$$\theta_\alpha \to \theta_\alpha - \eta \frac{\partial L(\theta)}{\partial \theta_\alpha} \tag{3.9}$$

im hochdimensionalen Parameterraum ein Minimum zu finden. Hierbei steht θ_α stellvertretend für eine Komponente W_{ij} oder b_i der Gewichts- oder Bias-Variablen. Der Parameter η wird *Lernrate* genannt und kontrolliert die Schrittweite mit der wir uns im Parameterraum bewegen. Wenn sie am Anfang der Optimierung zu klein gewählt wird, können wir gleich zu Beginn in einem „schlechten" lokalen Minimum feststecken, während ein zu großer Wert von η die Konvergenz zu einem Minimum gänzlich verhindert. Die Lernrate ist ein Hyperparameter im Trainings-Algorithmus. Man bemerke, dass der Gradientenabstieg lediglich eine diskrete und vieldimensionale Variante der analytischen Suche nach Extrema ist, die wir aus der Analysis kennen: Ein Extremum ist durch das Verschwinden der Ableitungen in alle Richtungen im Parameterraum gekennzeichnet, was gerade dem Fixpunkt des oben beschriebenen Algorithmus entspricht.

Während der Optimierungsprozess für die vielen Variablen der Verlustfunktion mathematisch einfach zu fassen ist, ist die praktische numerische Auswertung eine Herausforderung: Für jeden der variationellen Parameter, zum Beispiel ein Gewicht in der k-ten Schicht $W_{ij}^{[k]}$, muss die partielle Ableitung $\partial L / \partial W_{ij}^{[k]}$ berechnet werden, und zwar jedes mal, wenn das Netzwerk für einen neuen Datensatz zum Lernen ausgewertet wird. Naiv könnte man annehmen, dass dazu das gesamte Netzwerk jeweils neu ausgewertet werden muss. Glücklicherweise gibt es aber einen Algorithmus, der eine effizientere und gleichzeitige Bestimmung aller Ableitungen ermöglicht – er ist als *Backpropagation* bekannt. Der Algorithmus leitet sich direkt von der Kettenregel der Differentialrechnung für verschachtelte Funktionen ab und beruht auf zwei Beobachtungen:

(1) Die Verlustfunktion ist eine Funktion, die von $F(x)$ abhängt, $L \equiv L(F)$.

(2) Für die Ableitung eines Parameters in Schicht k spielen nur die Ableitungen der darauffolgenden Schichten, gegeben als Jacobi-Matrix

$$Df^{[l]}(z^{[l-1]}) = \partial f^{[l]} / \partial z^{[l-1]}, \tag{3.10}$$

mit $l > k$ und $z^{[l-1]}$ der Output der vorangehenden Schicht, sowie

$$\frac{\partial f^{[k]}}{\partial \theta_\alpha^{[k]}} = \frac{\partial g^{[k]}}{\partial q_i^{[k]}} \frac{\partial q_i^{[k]}}{\partial \theta_\alpha} = \begin{cases} \frac{\partial g^{[k]}}{\partial q_i^{[k]}} z_j^{[k-1]} & \theta_\alpha = W_{ij} \\ \frac{\partial g^{[k]}}{\partial q_i^{[k]}} & \theta_\alpha = b_i \end{cases} \tag{3.11}$$

eine Rolle. Die Ableitungen nach $z^{[l]}$ sind dann für alle Parameter gleich.

Die Berechnung einer Jacobi-Matrix muss daher für jedes Update nur einmal erfolgen. Im Gegensatz zur Auswertung des Netzwerks selbst, die forwärts-propagierend erfolgt (Output von Schicht n ist Input von Schicht $n+1$), pflanzt sich die Änderung im Output rückwärts durch das Netzwerk fort. Daher kommt der Name [2]. Der volle Algorithmus sieht dann wie folgt aus:

Algorithmus 2: Backpropagation

Input: Eine Verlustfunktion L, die von einem n-schichtigen neuronalen Netzwerk abhängt, das wiederum durch Gewichte und Bias-Variablen, zusammengefasst in $\theta = \{W, b\}$, parametrisiert ist.

Output: Partielle Ableitungen $\partial L/\partial\theta_\alpha^{[k]}$ nach allen Parametern $\theta^{[k]}$ der Schichten $k = 1\dots n$.

Berechne die Ableitungen nach den Parametern der Output-Schicht:
$$\partial L/\partial W_{ij}^{[n]} = (\nabla L)^T \frac{\partial g^{[n]}}{\partial q_i^{[n]}} z_j^{[n-1]}, \quad \partial L/\partial b_i^{[n]} = (\nabla L)^T \frac{\partial g^{[n]}}{\partial q_i^{[n]}}$$

for $k = n\dots 1$ **do**

    Berechne die Jacobi-Matrizen für Schicht k:

    $Dg^{[k]} = (\partial g^{[k]}/\partial q^{[k]})$ und $Df^{[k]} = (\partial f^{[k]}/\partial z^{[k-1]})$;

    Multipliziere alle darauffolgende Jacobi-Matrizen, um die Ableitungen in Schicht k zu bekommen:

    $\partial L/\partial\theta_\alpha^{[k]} = (\nabla L)^T Df^{[n]}\cdots Df^{[k+1]} Dg^{[k]}(\partial q^{[k]}/\partial\theta_\alpha^{[k]})$;

end

Es verbleibt die Frage, wann genau die Netzwerkparameter aktualisiert werden sollen. Eine Möglichkeit ist, die obige Prozedur für jeden Trainingsdatensatz einzeln durchzuführen. Das andere Extrem ist, alle verfügbaren Trainingsdaten zu nutzen, um ein Update mit einer gemittelten Ableitung durchzuführen. Es mag nicht überraschen, dass die optimale Strategie irgendwo in der Mitte zu finden ist: Gewöhnlich wird das Netzwerk nicht für jeden Trainingsdatenpunkt neu angepasst, sondern

---

[2]Genau genommen ist die Backpropagation ein Spezialfall einer umfangreicheren Methodik namens *automatischer Differenzierung* (AD). AD nutzt, dass jedes Computerprogramm aus elementaren Rechenoperationen (Addition, Subtraktion, Multiplikation, Division) und elementaren Funktionen (sin, exp, ...) aufgebaut ist. Durch Ausnutzen der Kettenregel lassen sich so Ableitungen beliebiger Ordnung automatisch berechnen.

die gesamten Trainingsdaten werden in *Batches* (auf Deutsch *Stapel*) aufgeteilt,
und das Netzwerk dann jeweils für den ganzen Stapel ausgewertet. Generell werden die variationellen Parameter präziser angepasst, wenn das Netzwerk mit mehr
Daten pro Trainingsschritt gefüttert wird. Demgegenüber steht aber ein höherer
Rechenaufwand. Die Größe der Batches beeinflusst damit die Effizienz des Trainings wesentlich. Die zufällige Unterteilung der Trainingsdaten in Batches wird für
mehrere Iterationsschritte festgehalten, bevor sie neu gewählt wird. Die aufeinan-
derfolgenden Iterationsschritte mit fixierter Batchaufteilung werden als eine *Epoche*
bezeichnet.

3.4   Ein elementares Beispiel: MNIST

Wie in der Einleitung erwähnt, ist die Handschrifterkennung von Ziffern 0, 1, ... 9
die „Drosophila" für maschinelles Lernen. Die Referenz-Datenbank mit Zehn-
tausenden Beispielen handgeschriebener Ziffern ist MNIST (siehe Beispiele in
Abb. 1.1). Jeder Datensatz in MNIST besteht aus einem Bild mit 28×28 Pixeln in
Graustufen und einem *Label,* das sagt, welche Ziffer in dem Bild zu sehen ist. Die
Herausforderung beim Lernen ist, die Ziffern ungeachtet persönlicher Schreibstile
zu erkennen. Die Ziffer ‚4' beispielsweise kann von verschiedenen Personen sehr
unterschiedlich geschrieben werden. Eine fixe algorithmische Struktur (hardcoding)
zu entwickeln, die alle Kriterien enthält, an denen man eine ‚4' erkennt, und sie zum
Beispiel von einer ‚9' zuverlässig unterscheidet, wäre eine grosse Herausforderung.

Diese komplexe Aufgabe kann bereits mit einem einfachen neuronalen Netzwerk
angegangen werden. Wir werden das Netzwerk aus Abb. 3.3, spezifiziert in Gl. 3.5,
dafür benutzen. Der Input ist das Bild einer Ziffer, umgewandelt in einen $k = 28^2$
langen Vektor, die versteckte Schicht besteht aus l Neuronen und die Output-Schicht
$p = 10$ Neuronen, eins für jede Ziffer entsprechend der One-Hot-Kodierung. Der
Output ist somit eine Wahrscheinlichkeitsverteilung über diese 10 Neuronen, deren
Maximum angibt, welche Ziffer das Netzwerk im Bild erkennt.

Als Übung definieren wir solch ein Netzwerk und trainieren es. Während die
genaue Form des Codes von der Bibliothek und Programmierumgebung abhängt
(in Appendix A befindet sich eine Auflistung von geeigneten Bibliotheken), läuft
es auf die folgende generelle Struktur hinaus:

Beispiel 1: MNIST

1. *Man importiere die Daten:* Die MNIST-Datenbank steht hier zum Download bereit: http://yann.lecun.com/exdb/mnist/
2. *Man definiere das Modell:*
   - *Input-Schicht:* $28^2 = 784$ Neuronen (jedes Pixels aus dem Bild, mit dem Grauwert normiert auf den Wertebereich $[0, 1]$, ist eine Komponente des Input-Vektors).
   - *Vollständig verbundene versteckte Schicht:* Diese ist eine gute Stelle zum Experimentieren – man starte mit nur $l = 10$ Neuronen. Als Aktivierungsfunktion ist Sigmoid zu empfehlen, aber auch eine andere Wahl ist möglich.
   - *Output-Schicht:* Man nutze 10 Neuronen, eines für jede Ziffer. Wie bereits erwähnt sollte Softmax als Aktivierungsfunktion für diese Klassifikationsaufgabe benutzt werden.
3. *Man wähle die Verlustfunktion:* Da es sich um eine Klassifikationsaufgabe handelt, benutzen wir die Kreuzentropie aus Gl. (3.8).
4. *Man trainiere das Modell und teste es:* Folge dem allgemeinen Arbeitsablauf für maschinelles Lernen aus Box 1 um das Modell zu trainieren[a] und auszuwerten.

---

[a]Die meisten Umgebungen für maschinelles Lernen haben eine Art von Trainings-Funktion eingebaut, sodass man Dinge wie Backpropagation nicht selbst implementieren muss. Man muss lediglich die Trainings-Routine aufrufen.

Nach abgeschlossenem Training wollen wir natürlich analysieren, wie gut das fertige Modell bei der Ziffernerkennung abschneidet. Dazu führen wir die Genauigkeit ein:

$$\text{Genauigkeit} = \frac{\text{richtig klassifiziert}}{\text{alle Fälle}}. \tag{3.12}$$

Wir müssen feststellen, dass die Genauigkeit für unser Beispiel solide aber auch nicht herausragend ist. Während man mit 10 Neuronen nicht über 90 % Genauigkeit kommt, saturiert die Genauigkeit bei ca. 97 % jenseits von 100 Neuronen. Grund dafür ist in der Tat die einfache Netzwerkstruktur mit nur einer versteckten Schicht. In den folgenden Abschnitten werden wir Techniken und Netzwerkkomponenten kennenlernen, mit denen wir die Fehlerquote deutlich verbessern können.

Zuvor führen wir noch kurz andere Maße für die Güte von Netzwerkvorhersagen ein, die aus der Statistik bekannt und speziell für **binäre Klassifikationsaufgaben** (mit den Klassen „positiv" und „negativ") geeignet sind: *Präzision, Sensitivität* and *Spezifität*. Sie können durch die richtig und falschen „positiven" sowie richtig und falschen „negativen" Klassifikationsresultate ausgedrückt werden. Zum einen ist die

$$\text{Präzision} = \frac{\text{richtig positive}}{\text{richtig positive} + \text{falsch positive}}. \tag{3.13}$$

Weiterhin ist die

$$\text{Sensitivität} = \frac{\text{richtig positive}}{\text{richtig positive} + \text{falsch negative}} \tag{3.14}$$

die Rate der richtig positiven Ergebnisse, da es die richtig positiven im Verhältnis zu allen positiven Daten setzt. Die Spezifität ist das analoge Maß für die negativen Vorhersagen, nämlich

$$\text{Spezifität} = \frac{\text{richtig negative}}{\text{richtig negative} + \text{falsch positive}}. \tag{3.15}$$

Es gilt zu beachten, dass all diese Größen irreführende Werte zeigen können, wenn die Daten nicht ausgewogen, also verzerrt, sind. Dies wäre zum Beispiel der Fall, wenn fast nur negative Daten im Datensatz vorkommen.

3.5   Regularisierung

Wir haben künstliche neuronale Netzwerke in Analogie zu neuronalen Netzwerken im Gehirn motiviert. Insbesondere definiert man das Netzwerk-Modell durch eine grobe mathematische Struktur, innerhalb derer das Netzwerk mittels einer großen Zahl von Parametern von Trainingsdaten lernen kann. Während dies ein sehr mächtiger Prozess ist, birgt er auch ganz spezifische Herausforderungen. Dazu zählt in erster Linie die Generalisierung von Trainingsdaten auf ungesehene Daten.

Im letzten Kapitel haben wir gesehen, wie die naive Optimierung eines linearen Modells dessen Generalisierung verschlechtert, und wie sie durch Regularisierung verbessert werden kann. Bei neuronalen Netzen tritt das gleiche Problem auf, und auch die Lösungsansätze sind verwandt: Typischerweise sind die Trainingsdaten beschränkt und nicht optimal verteilt. Darum gilt es sicherzustellen, dass das Netzwerk nicht deren spezifischen Eigenheiten, sondern allgemeine Eigenschaften lernt.

Die wirkungsvollste Maßnahme, um diese sogenannte *Überanpassung* (englisch *overfitting*) zu verhindern, ist der Einsatz von repräsentativen und vielfältigen Trainingsdaten. Wenn man diese hat, gibt es einige weitere Tricks, um das Netzwerk zu regularisieren. Eine einfache aber wichtige Methode sind *Dropout-Schichten*. Diese Regularisierung ähnelt dem Weglassen von Merkmalen, wie wir es in Abschn. 2.2.1 für lineare Regression kennengelernt haben. Im Unterschied dazu unterdrückt die Dropout-Schicht aber eine **zufällig** gewählte Menge von Neuronen-Outputs während des Trainings. Welche Neuronen genau davon betroffen sind, wird bei jedem Trainingsschritt neu gewählt. Das Prinzip ist schematisch in Abb. 3.4 gezeigt. Durch dieses zufällige Unterdrücken von Neuronen kann man sicherstellen, dass das Netzwerk nicht auf einzelne, spezifische Eigenschaften der Daten aufmerksam wird, sondern auf ihre verallgemeinerbaren Merkmale. Ein anderer Blickwinkel auf Dropout ist, dass man auf diese Weise eine große Zahl von Netzwerken mit verschiedenen Konnektivitäten gleichzeitig trainiert. Die mittlere Zahl der unterdrückten Neuronen ist ein Hyperparameter, der vor dem Training festgesetzt wird. Es mag überraschend sein, aber die besten Ergebnisse erreicht man oft wenn diese Zahl groß ist: zwischen 20 % und 50 % aller Neuronen können in jedem Schritt vernachlässigt werden. Dies ist ein Beleg für die unglaubliche Resilienz von neuronalen Netzwerken gegen Fluktuationen.

Genau wie bei linearen Modellen können auch neuronale Netzwerke durch Hinzufügen von geeigneten Termen zur Verlustfunktion L, $L \rightarrow L + R$, regularisiert werden. Wiederum sind die zwei geläufigsten Regularisierungen die $L1$- oder *Lasso*-Regularisierung mit

$$R_{L1} = \lambda \sum_j |W_j|, \tag{3.16}$$

wobei die Summe über alle Gewichte W_j des Netzwerks läuft, sowie die $L2$-Regularisierung oder Ridge-Regularisierung, die wir in Abschn. 2.2 kennen gelernt haben,

Abb. 3.4 Dropout-Schicht.
Der Output eines zufällig
gewählten Neurons (hell
dargestellt) wird auf 0
gesetzt

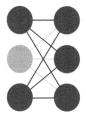

$$R_{L2} = \lambda \sum_j W_j^2, \qquad\qquad (3.17)$$

wobei die Summe wieder über alle Gewichte W_j des Netzwerks läuft. Genau wie bei linearen Modellen tendiert die $L2$-Regularisierung dazu, die Parameterwerte gleichmäßig zu reduzieren, während die $L1$-Regularisierung eher dazu führt, dass ein Teil der Parameter (fast) ganz verschwindet. In jedem Fall reduzieren sowohl die $L1$- als auch die $L2$-Regularisierung die Ausdrucksfähigkeit des Netzwerks, wodurch das Erlernen von generalisierenden Merkmalen gegenüber der Überanpassung begünstigt wird.

3.6 Convolutional Neural Networks

Die einfache Struktur eines vollständig verbundenen neuronalen Netzwerks mit einer Schicht ist zwar im Prinzip universell einsetzbar, aber so ein Netzwerk ist oft nicht die effizienteste Lösung und schwer zu trainieren. In diesem Abschnitt werden wir darum komplexere Schicht-Architekturen mit ihren typischen Anwendungsfällen kennenlernen, mit denen sich wesentlich bessere Ergebnisse erzielen lassen.

3.6.1 Der Convolutional Layer

Die mit einem vollständig verbundenen Netzwerk von uns für die MNIST-Datenbank erzielten Ergebnisse waren noch nicht vollkommen überzeugend. Hauptgrund war, dass wir durch das Nutzen einer dichten Netzwerkstruktur von Anfang an jede lokale Information verloren haben. Durch die Verbindung von jedem Input-Neuron mit jedem Neuron im nächsten Layer weiß das Netzwerk nicht, welche zwei Neuronen (Pixel) im Bild benachbart sind. Derartige Information ist nicht nur für Bilder wichtig, sondern ganz allgemein wenn die Daten auf lokalen Korrelationen oder geometrischen Strukturen beruhen. Um sie zu behalten, wird ein sogenannter *Convolutional Layer* benutzt, was auf Deutsch so etwas wie faltende Schicht bedeutet. Neuronale Netzwerke, die solche Schichten enthalten, werden *Convolutional Neural Networks* (CNNs) genannt.

Die Grundidee hinter dem Convolutional Layer ist es, lokale Muster in den Daten zu identifizieren. Für das Beispiel der MNIST-Bilder können dies gerade Linien, gebogenen Linien oder Ecken sein. Solche Muster werden als Gewichte in einem *Kern* oder *Filter* gespeichert. Wie die Filter aussehen, wird während des Trainings automatisch bestimmt, ist also nicht in der Netzwerkarchitektur von vornherein festgelegt. Der Convolutional Layer gleicht diese Filter-Muster mit einer Region der Input-Daten ab. Mathematisch ausgedrückt entspricht dieses Abgleichen einer Faltung $(f * x)(t) = \sum_\tau f(\tau)x(t - \tau)$ des Kerns f mit den Daten x.

Für das Beispiel zweidimensionaler Daten, wie in Abb. 3.5 gezeigt, sieht die diskrete Faltung ausgeschrieben wie folgt aus

$$q_{i,j} = \sum_{m=1}^{k} \sum_{n=1}^{k} f_{n,m} x_{si-m, sj-n} + b_0, \qquad (3.18)$$

wobei $f_{n,m}$ die Gewichte des Kerns sind, der als $k \times k$ Matrix aufgefasst werden kann, und b_0 ist ein Bias. Schließlich bezeichnet s die *Schrittweite* oder *Stride*, also die Zahl Pixel um die sich der Filter nach jeder Anwendung weiterbewegt. Der Output q wird *Merkmalskarte* oder *Feature Map* genannt. Deren Dimension ist $n_q \times n_q$ mit $n_q = \lfloor (n_{in} - k)/s + 1 \rfloor$, wenn das Input-Bild die Dimension $n_{in} \times n_{in}$ hat: Die Anwendung des Convolutional Layers reduziert die Datengröße, was nicht immer gewollt ist. Um diese Reduktion zu umgehen, kann man die Originaldaten auffüllen, was im Englischen *padding* genannt wird, indem man zum Beispiel Null-Einträge um den Rand der Daten hinzufügt, sodass die Feature Map die gleiche Größe besitzt wie die Input-Daten.

In typischen CNNs werden mehrere Filter in jeder Schicht gleichzeitig und unabhängig voneinander benutzt, wobei sich jeder Filter typischerweise automatisch auf die Extraktion bestimmter Merkmale spezialisiert. Beispielsweise kann ein Filter auf Konturerkennung abzielen, während ein anderer auf die Helligkeit eines Bereiches sensitiv ist. Zudem werden Filter in einem ersten Convolutional Layer typischer-

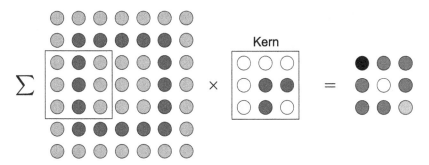

Abb. 3.5 Zweidimensionaler Convolutional Layer mit Kerngröße $k = 3$ and Stride $s = 2$

weise eher lokale Strukturen auswerten, während in darauffolgenden Convolutional Layers größere Strukturen eine Rolle spiele können. Es sei nochmals betont, dass sich solch eine Aufgabenverteilung zwischen den Filtern und Schichten automatisch ergibt, und nicht von vornherein durch die Netzwerkstruktur bestimmt wird.

3.6.2 Pooling

Eine andere nützliche Schicht, die insbesondere zusammen mit einem Convolutional Layer Anwendung findet, ist der *Pooling Layer*. Jedes Neuron in einem Pooling Layer bezieht seinen Input von n (benachbarten) Neuronen der vorangegangenen Schicht – im Falle eines CNN separat für jede Feature Map – und gibt nur die wichtigste Information aus diesen weiter. Damit hilft der Pooling Layer, die räumliche Größe der Daten zu reduzieren. Welche Information als wichtig erachtet wird, kann von Fall zu Fall variieren: Die Wahl des Maximalwerts aus den n Inputs wird *Max Pooling* genannt, und hilft zu entscheiden, ob das gefilterte Merkmal im Pooling-Fenster auftaucht. Max Pooling ist auch nützlich um *tote Neuronen* zu verhindern, solche nämlich, die unabhängig vom Input immer einen Output-Wert nahe Null geben und darum so kleine Gradienten aufweisen, dass sich ihr Gewicht und Bias auch nicht deutlich durch weiteres Training ändert. Diese Situation kommt oft vor, wenn man die ReLU Aktivierungsfunktion benutzt. Im Gegensatz dazu bezeichnet *Average Pooling* das Weitergeben des Mittelwerts über die n Input-Neuronen und ist damit eine einfache Datenkompression. Anders als bisher besprochene Schichten, hat der Pooling Layer selbst nur eine kleine Zahl von n Verbindungen und keine veränderlichen Parameter. Seine Funktion ist in Abb. 3.6 a und b schematisch dargestellt.

Ein Extremfall ist globales Pooling, bei dem der gesamte Input in einen einzigen Output umgewandelt wird. Beispielsweise wird bei globalem Max Pooling bestimmt, ob ein bestimmtes Merkmal in den Input-Daten irgendwo vorhanden ist.

Abb. 3.6 Qualitative Darstellung des **a** Average Poolings und **b** Max Poolings (beide mit $n = 3$)

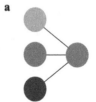
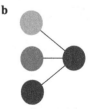

DNA Sequenzen	zufällige Sequenzen
AACCCCTAACCCTAACCCTAACCCTAACCCTAAACT	CTGGCCCGATATCAGTCACTTATCACGCGGATGAGT
CTATGTATTTATCTATCATCTATCTATCTACCTGCC	TACCAAATCTCCCTATGATTAGTCTTATTGTAAATA
CACCTGGCTTCCTGTTGAAGTTGACCTGCTGGAACA	ATTTGCCAAGAAGCGTATAACGCCCATTTGGTCTTA
CTCAGATCCTTCATGCTTTCATTGCTGCCTCCACAT	AATGAGTCACTGCACAGACCAAGCAGCCGATCACGT
CCCTCCAGGTACCCAAGGTCTCTCCACTGCCCTGCC	TGGAATTGAGAAGTGCGCGAAGGAGACTCGAGGATC

Abb. 3.7 Vergleich von DNA und zufälligen Sequenzen

3.6.3 Beispiel: DNA-Klassifizierung

Durch sinkende Kosten und immer weitere Einsatzgebiete wird die DNA-Sequenzierung ein viel benutztes Verfahren in der Biologie. Insbesondere mit Hochdurchsatzverfahren sind die Datenmengen so stark angewachsen, dass Methoden der Datenwissenschaft für die Analyse unverzichtbar werden. Sequenzierte Daten sind hochkomplex und darum ein gutes Einsatzgebiet für maschinelles Lernen. Als Beispiel betrachten wir hier eine einfache Klassifikationsaufgabe. Die DNA ist eine Sequenz aus elementaren Bausteinen, den Nukleotiden. Deren Hauptkomponenten sind vier verschiedene Nukleinbasen: Adenin (A), Guanin (G), Cytosin (C) and Thymin (T). Die Anordnung dieser Basen in einer linearen Kette definiert die DNA-Sequenz. Welche solcher Sequenzen biologisch sinnvoll sind, wird von komplexen Regeln bestimmt. Bestimmte Abfolgen der A, G, C und T können darum veritable DNA sein, während andere nie vorkommen würden. Die Unterscheidung von Nukleinbasen-Abfolgen, die in menschlicher DNA vorkommen können, von zufälligen Ketten ist darum eine sinnvolle Klassifikationsaufgabe, die für das untrainierte Auge nicht offensichtlich zu lösen ist.

Zur Illustration zeigt Abb. 3.7 den Vergleich zwischen fünf Abschnitten menschlicher DNA und fünf Abfolgen von 36 zufällig gezogenen Buchstaben aus A, G, C und T. Ohne tieferes Wissen ist es schwer, diese beiden Fälle zu unterscheiden oder empirische Regeln zu finden, anhand derer die Unterscheidung möglich wäre. Wir werden nun ein neuronales Netzwerk auf dieses Problem anwenden.

Wir haben alle Elemente kennengelernt, die wir für solch einen binären Klassifizierer benötigen. Zunächst laden wir die Daten aus der frei verfügbaren Datenbank des Humangenoms https://genome.ucsc.edu[3]. Mit diesem Link haben wir eine Datenbank kodierender Genome ausgewählt, die 100.000 Sequenzen menschlicher DNA enthält, wobei jede Sequenz 36 Buchstaben umfasst. Zum anderen erzeugen wir 100.000 zufällige Sequenzen der Buchstaben A, G, C, T. Die Lernaufgabe ist

---

[3]http://hgdownload.cse.ucsc.edu/goldenpath/hg19/encodeDCC/wgEncodeUwRepliSeq/
wgEncodeUwRepliSeqBg02esG1bAlnRep1.bam

sehr ähnlich zur MNIST-Klassifikation, mit dem Unterschied, dass wir jetzt nur zwei Klassen unterscheiden. Ein wichtiges Detail ist, dass von den Zufallssequenzen einige wiederum zufällig echten DNA-Sequenzen entsprechen könnten, und darum streng genommen nicht das korrekte Label tragen. Diese Tatsache lässt sich schwer umgehen und limitiert die Genauigkeit, die das Netzwerk überhaupt erzielen kann.

Wir verwenden ein CNN-Modell mit einer häufig benutzten Architektur. Die Struktur ist wie folgt:

Beispiel 2: DNA-Klassifizierung

1. *Man importiere die Daten und generiere die zufälligen Sequenzen.*
2. *Man definiere das Modell:*
   - *Input-Schicht:* Die Input-Schicht hat Dimension 36×4 (36 Einträge pro DNA-Sequenz, 4 um jede der vier verschiedenen Basen A, G, C, T zu kodieren)
     Beispiel: [[1,0,0,0], [0,0,1,0], [0,0,1,0], [0,0,0,1]] = ACCT
   - *Convolutional Layer:* Kern-Größe $k = 4$, Stride $s = 1$ und $N = 64$ Filter.
   - *Pooling Layer:* Max Pooling über $n = 2$ Neuronen, was den Output der vorigen Schicht um einen Faktor 2 reduziert.
   - *Vollständig verbundene Schicht*: 256 Neuronen mit ReLU Aktivierungsfunktion.
   - *Output-Schicht:* 2 Neuronen (DNA und nicht-DNA Output) mit Softmax-Aktivierungsfunktion.
3. *Verlustfunktion:* Kreuzentropie zwischen DNA und nicht-DNA.

Ein Schema der Netzwerkstruktur und die Entwicklung von Verlust und Genauigkeit, gemessen auf Trainings- und Validierungsdaten, als Funktion der Trainingsschritte sind in Abb. 3.8 gezeigt. Der Vergleich zwischen den Genauigkeiten der Trainings- und Validierungsdaten wird genutzt, um Overfitting zu erkennen: Wenn die Trainings- und Validierungsgenauigkeit ungefähr gleich ist, ist es unwahrscheinlich, dass Overfitting am Trainingsset stattfindet, da die Validierungsdaten nie zur Netzwerkoptimierung herangezogen werden. Eine Abnahme der Validierungsgenauigkeit bei gleichzeitig steigender Trainingsgenauigkeit ist hingegen ein deutliches Zeichen von Overfitting.

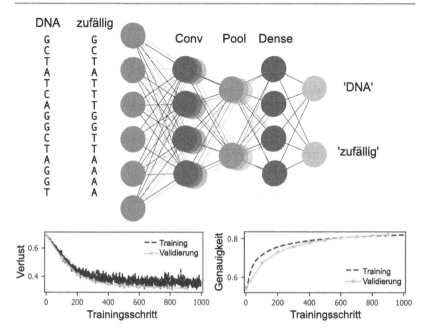

Abb. 3.8 Neuronales Netzwerk für die DNA Klassifizierung. Die zwei unteren Figuren zeigen den Verlust bzw. die Genauigkeit von Training und Validierung

Im Ergebnis ist unser einfaches CNN in der Lage, Genauigkeiten von 80 % zu erreichen. Durch die Verwendung eines größeren Datensatzes, der Eliminierung von falsch gelabelten zufälligen DNA-Sequenzen und durch weitere Optimierung der Hyperparameter können sicher noch höhere Genauigkeiten erzielt werden. Wir ermutigen den Leser, auch einmal andere Architekturen auszuprobieren, egal ob CNN oder mit vollständig verbundenen Schichten, die Grösse des Kerns anzupassen oder Dropout-Schichten hinzuzufügen, um so höhere Genauigkeiten ohne Overfitting zu erzielen.

3.6.4 Beispiel: Fortgeschrittenes MNIST

Wir wollen uns nochmals das MNIST-Beispiel vornehmen und die Schichten, die wir in diesem Abschnitt kennengelernt haben, für die Klassifikationsaufgabe einsetzen. Konkret benutzen wir eine Struktur mit zwei Convolutional Layern mit

Kern-Größe $k = 5$, Stride $s = 1$ und $N = 32$ beziehungsweise $N = 64$ Filtern mit ReLU Aktivierungsfunktion, je gefolgt von einem Pooling Layer mit Max Pooling über $n = 2 \times 2$ Neuronen. Zusätzlich benutzen wir am Ende eine Dropout-Schicht zur Regularisierung mit einer Dropout-Wahrscheinlichkeit von 50 % gefolgt von einer vollständig verbundenen Schicht mit 1000 Neuronen mit ReLU Aktivierungsfunktion. Dies ist eine häufig verwendete Struktur in tiefen CNNs. Mit diesem Modell kann eine Genauigkeit von etwas unter 99 % für MNIST erreicht werden, was mehr als einer Halbierung der Fehlerquote gegenüber dem einfachen Netzwerk aus Abschn. 3.4 entspricht.

3.7   Rekurrentes neuronales Netz

Im vorigen Abschnitt haben wir gesehen, wie CNNs durch ihre Filter-Struktur die Lokalitätsbeziehungen in den Daten erhalten. Diese Kontext-Sensitivität von CNNs ist in vielen Situationen mit geometrischen Beziehungen zwischen Datenpunkten nützlich. Es kann aber auch vorkommen, dass Daten nicht nur lokale Beziehungen aufweisen, sondern auch eine globale, sequenzielle Ordnung. Ein Element ist dann nicht nur neben einem anderen, sondern man kann noch differenzieren, ob es davor oder danach kommt. Ein typisches Beispiel, wo dies der Fall ist, sind Zeitreihen, also Daten die eine zeitliche Abfolge darstellen wie etwa Wetter oder Bewegungsabläufe. Wir möchten natürlich, dass das neuronale Netz diese zusätzliche Ordnungsrelation in den Daten nutzt. Ein herkömmliches Netzwerk, auch ein CNN, vergisst sie aber. Ein anderer Schwachpunkt der bisher kennengelernten Architekturen ist, dass sie für eine fixe Länge von Input-Daten trainiert werden, während in vielen Anwendungen zum Beispiel die Dauer eines Messsignals variabel ist.

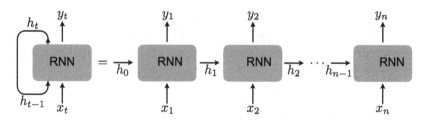

Abb. 3.9 Rekurrentes neuronales Netzwerk. Der Input x_t und der (versteckte) interne Zustand h_{t-1} werden der Zelle übergeben, um den neuen Output y_t zu berechnen. Die rekurrente Struktur kann man am besten verstehen, wenn man sie ausgerollt darstellt

In diesem Abschnitt führen wir einen Typ von Netzwerk ein, der diese beiden Probleme löst: *rekurrente neuronale Netze* (RNNs). Ihnen liegt die Idee zugrunde, dass der Input Element für Element an das Netzwerk gegeben wird – im Gegensatz zu anderen Netzwerken, die den gesamten Input-Vektor auf einmal verarbeiten. Um den Kontext, also eine effektive Information über vorige Inputs, zu behalten, behält das RNN zudem interne Neuronen, quasi als Speicher, dessen Output es im nächsten Schritt zusammen mit dem nächsten Datensegment als Input erhält.

Diese Struktur ist in Abb. 3.9 dargestellt. Für jeden Datensatz $x = \{x_t\}_{t=1...n}$ wird in Schritt t der Datenteil x_t und der (versteckte) interne Zustand des letzten Schritts h_{t-1} als Input verwendet. Die RNN-Zelle gibt dann einen Output y_t. Wie in Abb. 3.9 gezeigt, ist dies äquivalent zu einer Serie von Kopien derselben Input-Output-Architektur, wobei die versteckten Neuronen der jeweiligen Kopien miteinander verbunden sind. Die RNN-Zelle selbst kann eine sehr einfache Struktur mit einer einzelnen Aktivierungsfunktion haben (eine typische Wahl ist der hyperbolische Tangens). Aber auch komplexere interne Strukturen sind denkbar, wie beispielsweise der *Long Short-Term Memory* (LSTM), der über lange Zeiträume andauernde Korrelationen erlernen kann.

Rekurrente neuronale Netze wurden ursprünglich für die Computerlinguistik entwickelt, zur Verarbeitung, Übersetzung und Transformation von gesprochener oder geschriebener Sprache. Dabei sind sowohl Kontext als auch Ordnung der Daten wichtige Informationsträger. Gleichfalls gibt es auch viele Datensätze in der Wissenschaft, die nur als geordnete Liste anzusehen sind, und auch so verarbeitet werden sollten. Zum Beispiel generieren Signale einer entfernten Galaxie eine Zeitreihe x_t, die möglicherweise langzeitige Korrelationen beinhaltet, sodass x_{t+T} sehr deutlich von $x_t, \ldots, x_{t+T-1}$ abhängt, und zwar selbst für große T.

Unüberwachtes Lernen

4

Im Kap. 3 haben wir ausschließlich überwachtes Lernen diskutiert, also Aufgaben, bei denen die Daten aus Input-Output-Paaren oder auch Daten-Label-Paaren bestehen. Oft jedoch haben wir nur Daten ohne Labels zur Verfügung und wollen aus ihnen dennoch Informationen extrahieren.

Mathematisch können wir die Daten x als Stichproben auffassen, die zu einer Wahrscheinlichkeitsverteilung $P(x)$ gehören. Die Aufgabe des unüberwachten Lernens ist es, diese Verteilung implizit durch ein Modell darzustellen, beispielsweise durch ein neuronales Netzwerk. Das Model kann dann benutzt werden, um Eigenschaften der Verteilung zu untersuchen, oder um neue, „künstliche" Daten zu erzeugen. Aus diesem Grund sind diese Modelle auch als *generative Modelle* bekannt. Ganz allgemein ist unüberwachtes Lernen zum einen konzeptionell anspruchsvoller als überwachtes Lernen, aber gleichzeitig auch sehr erstrebenswert, da Daten ohne Label viel einfacher verfügbar sind. Zudem lassen sich generative Modelle auch für Klassifikationsaufgaben benutzen, indem sie die gemeinsame Wahrscheinlichkeitsverteilung der Daten-Label-Paare lernen.

In diesem Kapitel werden wir Typen neuronaler Netze kennenlernen, die spezifisch für unüberwachtes Lernen geeignet sind: *begrenzte Boltzmann-Maschinen, Autoencoder* und *Generative Adversarial Networks*. Außerdem werden wir diskutieren, wie die RNNs, die wir im vorangegangenen Kapitel eingeführt haben, auch für unüberwachtes Lernen eingesetzt werden können.

4.1 Begrenzte Boltzmann-Maschinen

Begrenzte Boltzmann-Maschinen (englisch *restricted Boltzmann machine*, RBM) sind eine Klasse generativer, stochastischer neuronaler Netzwerke. Genauer gesagt kann ein RBM so trainiert werden, dass es von Input-Daten die Wahrscheinlich-

© Der/die Autor(en), exklusiv lizenziert durch Springer Fachmedien Wiesbaden
GmbH, ein Teil von Springer Nature 2020
K. Choo et al., *Machine Learning kompakt*, essentials,
https://doi.org/10.1007/978-3-658-32268-7_4

keitsverteilung des Inputs annähert. Das so trainierte Netzwerk kann dann benutzt werden, um durch zufälliges Ziehen neue Stichproben der Wahrscheinlichkeitsverteilung zu erzeugen.

Das RBM besteht aus zwei Schichten (siehe Abb. 4.1) von *binären Einheiten*. Jede binäre Einheit ist eine Variable, die die Werte 0 oder 1 annehmen kann.

Die erste Schicht (Input-Layer) heißt auch sichtbarer Layer, und die zweite Schicht versteckter Layer. Der sichtbare Layer mit Input-Variablen $\{v_1, v_2, \ldots v_{n_v}\}$, die wir im Vektor v zusammenfassen, ist mit dem versteckten Layer mit Variablen $\{h_1, h_2, \ldots h_{n_h}\}$ verbunden, die wir im Vektor h zusammenfassen. Die Aufgabe des versteckten Layers ist es, Korrelationen zwischen den Einheiten der sichtbaren und versteckten Schichten zu erzeugen. Im Gegensatz zu den neuronalen Netzwerken, die wir bisher besprochen haben, folgt dem versteckten Layer kein Output-Layer. Stattdessen ergibt das Auswerten des RBM immer eine Zahl, die Wahrscheinlichkeitsverteilung $P_{\text{rbm}}(v)$, die von den variationellen Parametern, nämlich den Gewichten und Bias des Netzwerks, abhängt. Die Struktur des RBM (siehe Abb. 4.1), ist ein Spezialfall der allgemeineren Klasse von Boltzmann-Maschinen, bei der die Einheiten des sichtbaren Layer nur mit den versteckten Einheiten verbunden sind, aber nicht untereinander. Daraus leitet sich der Name „begrenzt"/„restricted" ab.

Die Struktur des RBM ist aus der statistischen Physik motiviert: Jeder Wahl zweier binärer Vektoren v und h kann die Energie

$$E(v, h) = -\sum_i a_i v_i - \sum_j b_j h_j - \sum_{ij} v_i W_{ij} h_j \qquad (4.1)$$

zugeordnet werden, wobei die Vektoren a, b, und die Matrix W variationelle Parameter des Modells sind. Aus der Energie ergibt sich die Wahrscheinlichkeitsverteilung der Konfigurationen (v, h), definiert als

Abb. 4.1 Begrenzte Boltzmann-Maschine mit drei sichtbaren und fünf versteckten Einheiten. Jede Einheit nimmt Werte 0 oder 1 an und die Verbindungen zwischen den Einheiten sind gegeben durch die Gewichtsmatrix W

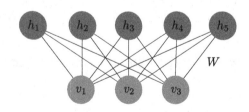

$$P_{\text{rbm}}(v, h) = \frac{1}{Z} e^{-E(v,h)}, \tag{4.2}$$

wobei

$$Z = \sum_{v,h} e^{-E(v,h)} \tag{4.3}$$

ein Normierungsfaktor ist, der Zustandssumme genannt wird. Die Summe in Gl. (4.3) wird über alle binären Vektoren v und h erstreckt, also alle Vektoren mit Einträgen 0 oder 1. Die Wahrscheinlichkeit, die das Modell einem sichtbaren Vektor v zuordnet, ist durch die Marginalverteilung gegeben,

$$P_{\text{rbm}}(v) = \sum_h P_{\text{rbm}}(v, h) = \frac{1}{Z} \sum_h e^{-E(v,h)}. \tag{4.4}$$

Durch die Begrenzung der Verbindungen in der RBM sind die sichtbaren Einheiten, bei fixierten versteckten Einheiten, statistisch unabhängig voneinander: Für gegebene Wahl der versteckten Einheiten h erhalten wir eine **unabhängige** Wahrscheinlichkeitsverteilung für **jede** sichtbare Einheit, gegeben durch

$$P_{\text{rbm}}(v_i = 1|h) = \sigma\left(a_i + \sum_j W_{ij} h_j\right), \quad i = 1, \ldots, n_{\text{v}}, \tag{4.5}$$

wobei $\sigma(x) = 1/(1 + e^{-x})$ die Sigmoid-Funktion ist. Ebenso sind die versteckten Einheiten statistisch unabhängig, wenn man die sichtbaren Einheiten festhält. Ihre Wahrscheinlichkeitsverteilung ist

$$P_{\text{rbm}}(h_j = 1|v) = \sigma(b_j + \sum_i v_i W_{ij}) \quad j = 1, \ldots, n_{\text{h}}. \tag{4.6}$$

Das bedeutet insbesondere, dass Stichproben für einen Vektor v oder h aus Stichproben für jedes Element zusammengesetzt werden können. Dies resultiert in einer drastischen Reduktion der Komplexität der Stichprobenerzeugung. Die Vereinfachung ist nur möglich, weil die sichtbaren und versteckten Einheiten jeweils nicht untereinander verbunden sind, das heißt, es gibt keine Terme der Form $v_i v_j$ oder $h_i h_j$ in Gl. (4.1). Im Folgenden erklären wir, wie ein RBM trainiert werden kann und diskutieren eine konkrete Anwendung.

4.1.1 Training eines RBM

Es seien uns Input-Daten in Form von Binärvektoren x_k gegeben, die von der Wahrscheinlichkeitsverteilung $P_{\text{data}}(x)$ gezogen worden sind. Ziel des Trainings ist es, die Parameter $\{a, b, W\}$ des RBM so anzupassen, dass danach $P_{\text{rbm}}(x) \approx P_{\text{data}}(x)$. Dieses Problem wird typischerweise nach dem Maximum-Likelihood-Prinzip gelöst, indem man die Parameter $\{a, b, W\}$ so bestimmt, dass die Wahrscheinlichkeit, dass das Modell die Daten x_k erzeugt, maximiert wird.

Die Maximierung des Likelihood entspricht dem Training des RBM mittels einer Verlustfunktion, die wir bereits kennen gelernt haben, nämlich dem negativen Log-Likelihood

$$L(a, b, W) = -\sum_{k=1}^{M} \ln P_{\text{rbm}}(x_k). \tag{4.7}$$

Für den Gradientenabstieg benötigen wir die Ableitungen der Verlustfunktion

$$\frac{\partial L(a, b, W)}{\partial W_{ij}} = -\sum_{k=1}^{M} \frac{\partial \ln P_{\text{rbm}}(x_k)}{\partial W_{ij}}. \tag{4.8}$$

Mittels weniger Zeilen Rechnung kann man zeigen, dass die Ableitung gerade

$$\frac{\partial \ln P_{\text{rbm}}(x)}{\partial W_{ij}} = x_i P_{\text{rbm}}(h_j = 1|x) - \sum_{v} v_i P_{\text{rbm}}(h_j = 1|v) P_{\text{rbm}}(v) \tag{4.9}$$

ist; ähnlich einfache Formen lassen sich auch für die Ableitungen nach a und b herleiten. Wie bereits in Kap. 3 beschrieben, können die Parameter mit diesen Ableitungen iterativ verbessert werden,

$$W \rightarrow W - \eta \frac{\partial L(a, b, W)}{\partial W_{ij}}, \tag{4.10}$$

wobei η eine hinreichend klein zu wählende Lernrate bezeichnet. Wir bemerken wiederum, dass die Minimierung des negativen Log-Likelihood equivalent zur Maximierung des Likelihood ist. Wie wir im vorigen Kapitel bei der Backpropagation gesehen haben, kann der Rechenaufwand erheblich reduziert werden, indem die Summe über alle Daten in Gl. (4.8) mit einer Summe über einen kleinen, zufällig gewählten Satz von Batches ersetzt wird. Diese Reduktion geht mit einer Zunahme an Rauschen einher, was aber auch zu einer besseren Generalisierung führen kann.

Ein Problem gibt es dennoch: Die zweite Summation in Gl. (4.9), die aus 2^{n_v} Termen besteht, kann nicht effizient exakt ausgewertet werden. Wir behelfen uns, indem wir die Summe annähern. Dazu erzeugen wir Stichproben v für den sichtbaren Layer entsprechend der Marginalverteilung $P_{\text{rbm}}(v)$. Dies kann wie folgt mittels *Gibbs-Sampling* erreicht werden:

Algorithmus 3: Gibbs-Sampling

Input: Ein beliebiger sichtbarer Vektor $v(0)$
Output: Ein sichtbarer Vektor $v(r)$
for $i = 1...r$ **do**
  ziehe $h(i)$ aus $P(h|v = v(i - 1))$;
  ziehe $v(i)$ aus $P(v|h = h(i))$;
end

Nach hinreichend vielen Schritten r stellt der Vektor $v(r)$ eine Stichprobe aus $P_{\text{rbm}}(v)$ ohne Verzerrung dar. Durch Wiederholung dieser Prozedur können wir mehrere Stichproben erzeugen und mit ihnen die Summe abschätzen. Dieses Vorgehen ist immer noch sehr rechenintensiv, weil es viele Auswertungen des Modells benötigt.

Der große Durchbruch, welcher den Rechenaufwand für das Training von RBMs erheblich reduzierte, kam mit einer Methode, die als *Contrastive Divergence* bekannt ist. Anstatt mehrere Stichproben zu erzeugen, führen wir das Gibbs-Sampling einfach mit r Schritten durch[1] und schätzen die Summe mit Hilfe einer einzelnen Stichprobe $v' = v(r)$. Durch diese Modifikation kann der Gradient in Gl. (4.9) wie folgt angenähert werden:

$$\frac{\partial \ln P_{\text{rbm}}(x)}{\partial W_{ij}} \approx x_i P_{\text{rbm}}(h_j = 1|x) - v'_i P_{\text{rbm}}(h_j = 1|v'). \tag{4.11}$$

Dies genau ist *Contrastive Divergence*. Obwohl man den Gradienten recht grob durch eine Schätzung mit Bias annähert, hat sich diese Methode in der Praxis bewährt. Der gesamte Algorithmus zum Training des RBM mit r-Schritt-Contrastive-Divergence lässt sich wie folgt zusammenfassen:

---

[1] Oft wird hierbei $r = 1$ verwendet.

Algorithmus 4: Contrastive Divergence

Input: Daten $\mathcal{D} = \{x_1, x_2, \ldots x_M\}$ gezogen aus einer Verteilung $P(x)$
Initialisiere die RBM-Gewichte $\{a, b, W\}$;
Initialisiere $\Delta W_{ij} = \Delta a_i = \Delta b_j = 0$;
while *nicht konvergiert* **do**
    Wähle einen zufälligen Batch S von Datensätzen aus $\mathcal{D}$;
    forall the $x \in S$ **do**
        Erzeuge v' durch r-Schritt-Gibbs-Sampling mit $v(0) = x$
        $\Delta W_{ij} \leftarrow \Delta W_{ij} - x_i P_{\text{rbm}}(h_j = 1 | x) + v'_i P_{\text{rbm}}(h_j = 1 | v')$
    end
    $W_{ij} \leftarrow W_{ij} - \eta \Delta W_{ij}$
    (und gleichermaßen für a und b)
end

Nachdem wir ein RBM so trainiert haben, dass es die zugrundeliegende Verteilung $P(x)$ verkörpert, gibt es verschiedene Anwendungen für dieses trainierte Modell:

1. **Vortraining**—Wir können W und b als Ausgangsgewichte und -bias für ein tiefes Netzwerk benutzen (siehe Kap. 3), das im Anschluss durch Gradienten-abstieg mit Backpropagation weiter verbessert wird.
2. **Generatives Modell**—Ein trainiertes RBM kann als generatives Modell benutzt werden, um neue Stichproben mittels Gibbs-Sampling zu erzeugen (Alg. 3). Anwendungsmöglichkeiten generativer RBMs sind **Empfehlungssysteme** und **Bildrekonstruktionen.** Im folgenden Abschnitt behandeln wir ein Beispiel, in dem wir ein RBM zur Rekonstruktion eines verrauschten Bildes benutzen.

RBMs waren in den 2000er Jahren sehr weit verbreitet, sind aber seitdem oft von moderneren Architekturen wie *Generative Adversarial Networks* abgelöst worden, die wir noch kennenlernen werden. Sie sind aber immer noch wichtiges Grundla-genwissen, das auch Basis für zukünftige Innovationen sein kann – gerade in den Naturwissenschaften.

4.1.2 Beispiel: Bildrekonstruktion/Rauschentfernung

Für dieses Beispiel ziehen wir abermals die MNIST-Datenbank heran. Wie bereits in Kap. 3 eingeführt, besteht sie aus 28 × 28 Pixel großen Graustufenbildern handgeschriebener Ziffern. Da wir für ein RBM binären Input brauchen, wandeln wir die Daten in Schwarz-Weiß-Bilder um, indem wir einen Schwellwert festlegen, über dem wir ein Pixel auf 1 (schwarz) setzen. Ein Beispiel für diese Binärisierung zeigt Abb. 4.2.

Nachdem wir das RBM mit dem Contrastive-Divergence-Algorithmus trainiert haben, erhalten wir ein Modell, das die statistische Verteilung in der binärisierten MNIST Datenbank verkörpert. Wir gehen nun von einem Bild einer Ziffer aus, das gestört ist, indem zum Beispiel einige Pixel fehlen oder zufällig von 0 auf 1 geändert wurden. Wenn wir dieses Bild in das RBM einlesen und einige Runden Gibbs-Sampling durchführen (Alg. 3), erhalten wir eine Rekonstruktion, die weniger fehlerhaft ist, dabei aber die Grundzüge des Originalbildes erhält, wie unten rechts in Abb. 4.2 zu sehen ist.

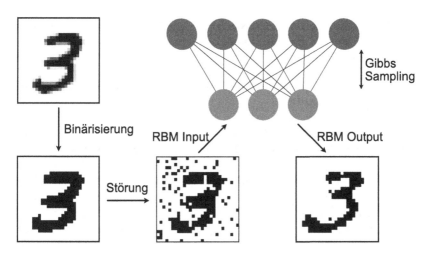

Abb. 4.2 Bildrekonstruktion mittels RBM

4.2   Ein RNN unüberwacht trainieren

In Kap. 3 wurden RNNs als Klassifikationsmodelle eingeführt. Statt aber sequentielle Daten, wie Zeitreihen, zu klassifizieren, kann ein RNN auch eingesetzt werden, um selbst Sequenzen von Daten zu erzeugen. Die Architektur des RNN, das wir in Abschn. 3.7 eingeführt haben, kann auch ohne große Änderungen generativ eingesetzt werden. Der größte Unterschied ist, dass der Output y_t für gegebenen Input-Datenpunkt x_t nun zur Vorhersage für den nächsten Datenpunkt x_{t+1} wird, und nicht mehr eine Klasse repräsentiert, zu der die Sequenz gehört. Insbesondere sind dadurch die Dimension von Input und Output nun gleich. Abhänging vom Input-Format wird nun die Verlustfunktion gewählt. Häufig sind die Inputdaten als One-Hot Vektoren kodiert und für die Outputdaten wird ein Softmax verwendet. Dann kommt der negative Log-Likelihood zum Einsatz,

$$L(\boldsymbol{\theta}) = - \sum_{t=1}^{n-1} x_{t+1} \ln y_t. \tag{4.12}$$

In dieser einfachsten Umsetzung kann der Algorithmus nur Sequenzen gleicher Länge erzeugen. Um die Länge variabel zu halten, kann man ein extra ‚Stop'-Bit zum RNN Output hinzufügen.

4.3   Autoencoder

Autoencoder sind generative Modelle die ursprünglich zur Dimensionsreduktion eingesetzt wurden. Ähnlich wie bei der Hauptkomponentenanalyse aus Kap. 2 geht es darum, die Zahl der Merkmale, die in den Daten gespeichert sind, zu verkleinern, ohne viel von den in den Daten enthaltenen Informationen zu verlieren. Anders als bei der Hauptkomponentenanalyse, die auf einer determinierten Berechnung beruht, lernt ein Autoencoder implizit, wie die Daten am besten reduziert werden können.

Es stellt sich dann die natürliche Frage, wie die Qualität einer solchen Kompression gemessen werden kann. Ein Maß dafür kann direkt als Verlustfunktion verwendet werden und ist darum wichtig für das Training. Das Elegante an einem Autoencoder ist, dass solch eine Verlustfunktion ebenfalls nicht explizit definiert werden muss, indem das Netzwerk sowohl für das Kodieren in einen *latenten Raum* (der Reduktion), als auch für das Dekodieren zurück zur Ausgangsdimension benutzt wird, siehe Abb. 4.3. Diese Architektur ermöglicht den direkten Vergleich zwischen dem Input und dem rekonstruierten Output. Der Autoencoder trainiert somit automa-

Abb. 4.3 Autoencoder-Architektur. Ein erstes neuronales Netzwerk komprimiert die Daten in den latenten Raum, danach rekonstruiert ein zweites neuronales Netzwerk den Input

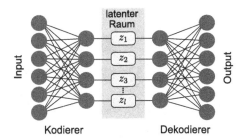

tisch Kodieren und Dekodieren, indem die Abweichung zwischen Input und Output minimiert wird. Konkret wird in der Verlustfunktion der Input für den Kodierer mit dem Output des Dekodierers punktweise verglichen. Dafür kann zum Beispiel abermals die Kreuzentropie zum Einsatz kommen.

Intuitiv stellt der latente Raum durch seine geringere Dimension ein Nadelöhr dar, durch das der essentielle Informationsgehalt der Daten hindurch muss, um von Input zu Output zu gelangen. Ziel des Trainings ist darum, die relevantesten Informationen für eine optimale Rekonstruktion der Daten zu finden und diese zu behalten. Der latente Raum entspricht dann gerade dem reduzierten Raum in der Hauptkomponentenanalyse. Im Unterschied dazu sind aber die neuen Merkmale im allgemeinen nicht linear unabhängig.

4.3.1 Variationelle Autoencoder

Ein großes Problem der bisher eingeführten Autoencoder ist eine Tendenz zum Overfitting. Als extremes Beispiel stelle man sich ein komplexes Kodierer-Dekodierer-Paar vor, das lernt, alle Trainingsdaten auf eine einzige Variable abzubilden und umgekehrt. Solch ein Netzwerk würde in der Tat komplett verlustfrei komprimieren und dekomprimieren. Es hätte aber höchstwahrscheinlich keine nützlichen Informationen aus den Daten extrahiert und würde darum ungesehene Daten nicht korrekt komprimieren und dekomprimieren. Zudem wird es mit einem solchen Netzwerk nicht möglich sein, aus den Werten der Neuronen im latenten Raum nützliche Informationen zu gewinnen. Dies ist aber bei den Autoencodern genauso wie bei der Hauptkomponentenanalyse eine gewünschte Funktionalität. Aus all diesen Gründen ist die Reduktion von Overfitting durch geeignete Regularisierung auch hier sehr wichtig.

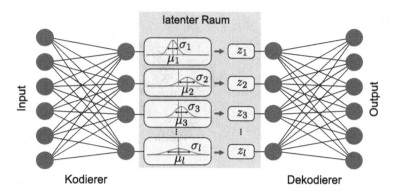

Abb. 4.4 Architektur des variationellen Autoencoders. Anstelle von einem Punkt z_i im latenten Raum ist der Output des Kodierers eine Verteilung $N(\mu_i, \sigma_i)$. Der Input z für den Dekodierer wird aus diesen Verteilungen gezogen

Wie aber kann ein Autoencoder effektiv regularisiert werden? Dazu nehmen wir zunächst die Eigenschaften unter die Lupe, die der latente Raum erfüllen soll: (1) Zwei Input-Datenpunkte die bezüglich einer Metrik nahe beieinander sind, sollten auch zwei nahegelegenen Bildern im latenten Raum entsprechen. Diese Eigenschaft heißt Kontinuität. (2) Jeder Punkt im latenten Raum sollte durch den Dekodierer auf einen sinnvollen Datenpunkt abgebildet werden. Diese Eigenschaft nennen wir Vollständigkeit. Ein Netzwerk, das sowohl (1) als auch (2) erfüllt, ist der *variationelle Autoencoder* (VAE).

Die Idee hinter VAEs ist, dass der Kodierer nicht nur einen exakten Punkt z_i im latenten Raum ausgibt, sondern eine (Normal-)Verteilung von Punkten $\mathcal{N}(\mu_i, \sigma_i)$. Genauer gesagt besteht der Output des Encoders aus zwei Vektoren, wobei der erste die Mittelwerte μ und der zweite die Standardabweichungen σ für jede Variable des latenten Raumes enthält. Der Input für den Dekodierer wird dann aus diesen Verteilungen gezogen. Damit wird der Input rekonstruiert und mit dem ursprünglichen Input zum Training verglichen. Zusätzlich zur normalen Verlustfunktion, die Input und Output des VAE vergleicht, fügen wir noch einen Regularisierungsterm hinzu, der sicherstellt, dass die Verteilung des Kodierer-Outputs nahe an der Standardnormalverteilung $\mathcal{N}(0, 1)$ liegt[2]. Dieses Vorgehen regularisiert das Training durch

---

[2]Zu diesem Zweck wird gewöhnlich die Kullback-Leibler-Divergenz benutzt.

hinzufügen von Rauschen, ähnlich dem Dropout aus Kap. 3. Überdies sorgt es dafür, dass der latente Raum die gewünschten statistischen Eigenschaften erhält.

Die Struktur des VAE ist in Abb. 4.4 gezeigt. Indem man die Varianz und den Mittelwert des Kodierer-Outputs erzwingt, erfüllt der latente Raum automatisch die oben genannten Anforderungen. Die Struktur kann dann auch als generatives Modell in ganz verschiedenen Einsatzbereichen benutzt werden: von Gesichtern bis hin zu Molekülstrukturen ist alles denkbar. Der VAE extrahiert nicht nur Informationen aus den Daten, sondern kann auch wissenschaftliche Entdeckungen ermöglichen.

4.4 Generative Adversarial Networks

Wir schließen unsere Einführung in das unüberwachte Lernen mit einem weiteren wichtigen generativen Modell ab, dem *Generative Adversarial Network* (GAN). Genau wie beim Autoencoder beruht die Struktur von GANs auch auf zwei miteinander verbundenen neuronalen Netzwerken. Statt aber zum Kodieren und Dekodieren miteinander zu kooperieren, haben die Bestandteile des GANs, wie der Name andeutet, eine gegnerische Beziehung. Ein GAN besteht aus einem sogenannten „Generator", der Stichproben erzeugt, und einem „Diskriminator", der zwischen „echten" Stichproben aus den Trainingsdaten und „falschen" Stichproben vom Generator unterscheiden soll.

Abb. 4.5 zeigt den grundlegenden Aufbau eines GAN. Generator und Diskriminator haben verschiedene Input- und Output-Formate, und vor allem entgegengesetzte Ziele. Der Generator erhält Zufallsrauschen z als Input und erzeugt daraus Daten $G(z)$. Der Diskriminator erhält valide Datensätze x aus den Trainingsdaten oder vom Generator erzeugte Datensätze $G(z)$. Der Output des Diskriminators ist die Wahrscheinlichkeit $D(.)$, dass die Input-Daten aus dem Trainingsdatensatz stammen. Der Diskriminator versucht, seine Fähigkeit, den Unterschied zwischen

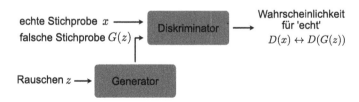

Abb. 4.5 Architektur eines Generative Adversarial Network

erzeugten und realen Daten zu erkennen zu maximieren. Der Generator versucht das Gegenteil, nämlich neue Datensätze zu erzeugen, die vom Diskriminator nicht von Trainingsdaten unterschieden werden können.

Wir können die Konkurrenz zwischen Generator und Diskriminator besser verstehen, indem wir die Verlustfunktion, die sich aus der Kreuzentropie herleitet, betrachten:

$$L_{\mathrm{GAN}} = \frac{1}{N_1} \sum_{i=1}^{N_1} \ln D(\boldsymbol{x}_i) + \frac{1}{N_2} \sum_{j=1}^{N_2} \ln(1 - D(G(\boldsymbol{z}_j))). \qquad (4.13)$$

Der Diskriminator versucht durch das Unterscheiden von echten und falschen Daten Gl. (4.13) zu maximieren. Der Generator kann nur den zweiten Term in Gl. (4.13) beeinflussen, den er zu minimieren versucht. Wegen dem Gegenspiel von Maximierung und Minimierung wird die Verlustfunktion aus Gl. (4.13) auch *Minimax-Verlust* genannt.

Derartige GANs sind vor allem bei der Bildergenerierung überragend erfolgreich. Insbesondere stecken sie hinter der Erzeugung von hyperrealistischen menschlichen Gesichtern. Abhängig von der genauen Struktur des Generators und Diskriminators sind verschiedene Arten von GANs geläufig. Eine besonders bedeutende Art sind *Deep Convolutional Generative Adversarial Networks* (DCGANs), bei denen Generator und Diskriminator jeweils die Struktur eines tiefen CNNs haben.

Ein Nachteil des Wettbewerbs zwischen Generator und Diskriminator ist, dass GANs im allgemeinen schwer zu trainieren sind: Sie benötigen große Mengen an Trainingsdaten und reagieren sensibel auf Änderungen der Hyperparameter. Diesen Mängeln mit angepassten Netzwerkstrukturen und besseren Verlustfunktionen entgegenzuwirken, ist Gegenstand aktueller Forschung.

Interpretierbarkeit von neuronalen Netzwerken

Gerade für Anwendungen in den Naturwissenschaften ist es nicht nur wichtig, dass ein neuronales Netzwerk eine Aufgabe sehr gut löst – wir wollen auch verstehen, **wie** dies gelingt. Im Idealfall können wir so Informationen über grundlegende Mechanismen oder kausale Zusammenhänge gewinnen und abstrahierte Konzepte ableiten.

5.1 Dreaming und das Extrapolationsproblem

Bisweilen kann man direkt Gewichte und Bias eines neuronalen Netzwerks betrachten, um zu verstehen, was es gelernt hat. Allerdings wird dies für große Netzwerke sehr schnell ein schwieriges Unterfangen, und die Parameter geben wenig Information preis. In diesem Fall gibt es bessere Analysemethoden, die mit variablem Input arbeiten, statt die Netzwerkkomponenten explizit zu untersuchen.

Konkret betrachten wir ein klassifizierendes neuronales Netzwerk F, das von den Parametern $\theta = \{W, b\}$ abhängt und den Input x auf eine Wahrscheinlichkeitsverteilung über n Klassen abbildet, $F(x|\theta) \in \mathbb{R}^n$, also

$$F_i(x|\theta) \geq 0 \quad \text{und} \quad \sum_i F_i(x|\theta) = 1. \tag{5.1}$$

Wir möchten den Abstand zwischen dem Netzwerk-Output $F(x)$ und einem gewünschten Ziel-Output y^* minimieren. Das geschieht durch Minimierung der Verlustfunktion

$$L = |F(x) - y^*|^2. \tag{5.2}$$

© Der/die Autor(en), exklusiv lizenziert durch Springer Fachmedien Wiesbaden GmbH, ein Teil von Springer Nature 2020
K. Choo et al., *Machine Learning kompakt,* essentials,
https://doi.org/10.1007/978-3-658-32268-7_5

Im Gegensatz zum Vorgehen in Kap. 3, wo der Verlust bezüglich der Netzwerk-Parameter θ minimiert wurde, wollen wir nun bezüglich des variablen Inputs x minimieren, während die Parameter θ fixiert werden. Wir benutzen dafür den Gradientenabstieg wie in Kap. 3 beschrieben

$$x \to x - \eta \frac{\partial L}{\partial x}, \tag{5.3}$$

wobei η die Lernrate bezeichnet. Nach hinreichend vielen Iterationen wird der anfängliche Input x^0 in einen finalen Input x^* transformiert, für den gilt

$$F(x^*) \approx y^*. \tag{5.4}$$

Wenn der feste Output in einer bestimmten Klasse gewählt wird, z. B. $y^* = (1, 0, 0, \ldots)$, erzeugt dieser Algorithmus Input-Beispiele, die das Netzwerk dieser Klasse zuordnen würde. Dieses Vorgehen wird als *Dreaming* bezeichnet.

Wir wollen dieses Vorgehen an einer binären Klassifikationsaufgabe demonstrieren. Wir arbeiten mit einer Datenbank[1], die Bilder von gesunden und pathologischen Blättern von Pflanzen enthält. Einige Beispiele sind in der oberen Hälfte von Abb. 5.1 gezeigt. Zunächst trainieren wir ein tiefes CNN, um die Blätter zu klassifizieren (mit einer Testgenauigkeit von ungefähr 95%). Dann beginnen wir mit einem zufälligen Input x^0, auf dem wir einen Gradientenabstieg durchführen. Dieser konvergiert zu einem Input x^*, den das Netzwerk sehr sicher klassifiziert.

Die untere Reihe in Abb. 5.1 zeigt Beispiele, die so mittels Dreaming erzeugt wurden. Auf den ersten Blick scheint es verblüffend, dass diese Bilder nicht im entferntesten an ein Blatt erinnern. Wie kann es sein, dass das Netzwerk eine hohe Klassifikationsgenauigkeit von über 95% erreicht, aber dennoch ein Bild, das eigentlich nur Rauschen beinhaltet, vorgeblich sicher klassifiziert? Eine genauere Betrachtung offenbart das Problem: Das verrauschte Bild x^* ähnelt in keiner Weise den Beispielen aus der Datenbank. Wenn wir das Netzwerk damit füttern, erwarten wir, dass es **extrapoliert,** was offensichtlich zu unkontrollierten Ergebnissen führt. Darin liegt das größte Problem mit datendominierten Strategien des maschinellen Lernens. Bis auf wenige Ausnahmen ist es schwer, ein Modell zu trainieren, das auch gut extrapolieren kann. Da Extrapolationen im Forschungskontext allgegenwärtig sind, ist es wichtig, diese Schwäche zu kennen.

Es ist offensichtlich, dass ein Modell nur für Daten prädiktiv sein kann, die den Trainingsdaten ihrer Art nach „ähnlich" sind. Was genau hier allerdings mit „ähnlich" gemeint ist, ist eine subtile Frage. Trainiert man ein Modell zum Beispiel mit

---

[1]Quelle: https://data.mendeley.com/datasets/tywbtsjrjv/1.

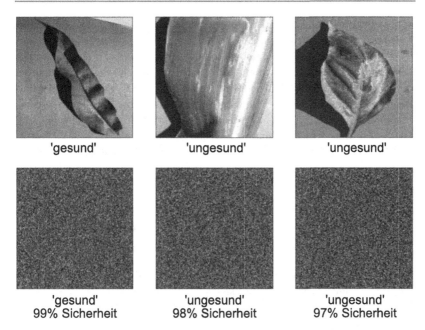

'gesund'   'ungesund'   'ungesund'

'gesund'   'ungesund'   'ungesund'
99% Sicherheit   98% Sicherheit   97% Sicherheit

Abb. 5.1 Dreaming von Pflanzenblättern. Oben: Einige Beispiele aus der Blätterdatenbank. Unten: Beispiele, die ausgehend von Rauschen mittels Dreaming erzeugt wurden

einem Datensatz von Bildern, die mit einer Canon-Kamera aufgenommen wurden, und wendet dieses dann auf Bilder einer Nikon-Kamera an, könnte man eine Überraschung erleben. Während die Bilder mit dem menschlichen Auge betrachtet ähnlich erscheinen mögen, könnten die zwei Kameras sehr unterschiedliche Rauschprofile haben, die wir nicht so einfach wahrnehmen, ein neuronales Netzwerk aber wohl. Wir werden im nächsten Abschnitt sehen, dass bereits solche scheinbar unbedeutenden Veränderungen an den Bildern ein Klassifikationsmodell vollständig in die Irre führen können.

5.2 Rauschanfälligkeit von Netzwerken

Wir haben gesehen, dass es möglich ist, den Input x so zu verändern, dass ein Netzwerk beinahe exakt einen gewünschten Output liefert. Dieses Prinzip kann genutzt werden, um Bilder zu erzeugen, die bewusst so modifiziert werden, dass sie vom Netzwerk falsch klassifiziert werden. Diese Modifikationen können überdies so vorgenommen werden, dass sie mit dem bloßen Auge kaum wahrnehmbar sind.

Eine verbreitete Methode, um solche modifizierten Inputs zu erzeugen, ist unter dem Namen *Fast Gradient Sign Method* bekannt. Ausgehend von einem Input x^0, der vom Modell korrekt klassifiziert wird, wählen wir einen Ziel-Output y^*, der einer falschen Klassifikation entspricht. Dann folgen wir dem im vorherigen Abschnitt besprochenen Vorgehen, bis auf eine kleine Modifikation. Statt den Input nach Gl. (5.3) zu verändern, benutzen wir folgende Update-Regel:

$$ x \to x - \eta \, \mathrm{sign}\left(\frac{\partial L}{\partial x} \right), \qquad (5.5) $$

wobei L in Gl. (5.2) definiert wurde. Das Vorzeichen sign($\ldots$) $\in \{-1, 1\}$ dient zum einen zur Verstärkung des Signals und dazu, die Änderungen im Mittel klein zu halten. Wenn $\eta = \frac{\epsilon}{T}$ gewählt wird, und T Iterationen durchgeführt werden, können wir garantieren, dass jede Komponente des so bestimmten Inputs x^* $|x_i^* - x_i^0| \le \epsilon$ genügt, was wiederum bedeutet, dass das sich ergebende Bild x^* nur leicht modifiziert wurde. Der Algorithmus lässt sich wie folgt zusammenfassen:

Algorithmus 5: Fast Gradient Sign Method

Input: Klassifikationsmodell F, Verlustfunktion L, Input-Bild x^0,
       Ziel-Klasse y^*, Größe der Störung ϵ und Anzahl Iterationen T
Output: Adversarial-Attack-Bild x^* mit $|x_i^* - x_i^0| \le \epsilon$
$\eta = \epsilon/T$;
for $i=1\ldots T$ **do**
   | $x = x - \alpha \, \mathrm{sign}\left(\frac{\partial \mathcal{L}}{\partial x} \right)$;
end

In den Computerwissenschaften spricht man – mit Blick auf sicherheitsrelevante Anwendungen von neuronalen Netzwerken – von *Adversarial Attacks*, wenn es darum geht, ein Netzwerk gezielt zu täuschen. Man unterscheidet in *White-Box*- und *Black-Box*-Angriffe, wobei der Angreifer im ersten Fall vollen Zugang zum Netzwerk F hat, während der Angreifer im zweiten Fall sein eigenes Netzwerk-Modell G trainieren muss.

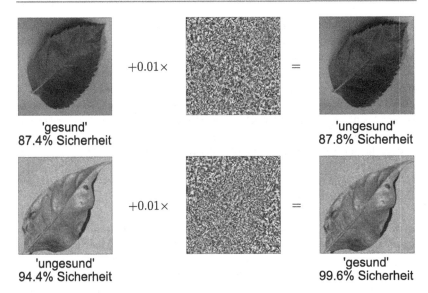

'gesund'
87.4% Sicherheit

'ungesund'
87.8% Sicherheit

'ungesund'
94.4% Sicherheit

'gesund'
99.6% Sicherheit

Abb. 5.2 Bilder, die ein Netzwerk gezielt täuschen, erzeugt mit der Fast Gradient Sign Method mit $T = 1$ Iterationen und $\epsilon = 0.01$. Ziel ist Googles *InceptionV3* tiefes CNN, das eine Testgenauigkeit von $\sim 95\%$ auf der binären („gesund' / ,ungesund') Pflanzendatenbank

Beispiel
Wir wollen diese Konzepte nun an einem kleinen Beispiel verdeutlichen, wobei wir auf die Klassifikation von Pflanzenblättern zurückgreifen. Das Modell F, welches wir angreifen wollen, ist ein *vortrainiertes* Modell aus Google's bekanntem *InceptionV3* Deep CNN das über 20 Millionen Parameter beinhaltet[2]. Das Modell erzielt eine Genauigkeit von $\sim 95\%$ auf den Testdaten. Unter der Annahme, dass wir Zugang zu den Gradienten in diesem Modell F haben, können wir einen White-Box-Angriff versuchen. Wir gehen von einem Bild aus, das vom Modell korrekt klassifiziert wurde und wenden die Fast Gradient Sign Method an (Alg. 5), wobei wir $\epsilon = 0.01$ und $T = 1$ wählen. Daraus erhalten wir ein Bild, das sich vom Original durch fast nicht wahrnehmbares Rauschen unterscheidet, wie auf der lin-

---

[2]Dies ist ein Beispiel für *Transfer Learning*. Das zugrundeliegende Modell, InceptionV3, wurde auf einer anderen Klassifikations-Datenbank namens *ImageNet* trainiert, die über 1000 Klassen beinhaltet. Um dieses Netz für unser binäres Klassifikationsproblem anzuwenden, ersetzen wir die letzte Schicht mit einer einfachen, dichten softmax-aktivierten Schicht mit zwei Outputs. Wir belassen die Gewichte der anderen Schichten konstant und trainieren nur diese neue letzte Schicht.

ken Seite in Abb. 5.2 gezeigt. Ein menschlicher Betrachter würde das modifizierte Bild problemlos korrekt klassifizieren, während das Netzwerk, was eigentlich 95% Genauigkeit vorzuweisen hat, komplett versagt.

Diese Angriffe verdeutlichen, wie unsicher datenzentrierte Methoden des maschinellen Lernens sein können. Netzwerke gegen solche Angriffe abzusichern, ist eine aktive Forschungsrichtung, aber auch ein Katz-und-Maus-Spiel zwischen Angreifern und Verteidigern. Im wissenschaftlichen Kontext sind es weniger Sicherheitsbedenken, als vielmehr Fragen der Reproduzierbarkeit und Verlässlichkeit von Ergebnissen, die in diesem Zusammenhang von Bedeutung sind.

5.3   Autoencoder interpretieren

In Kap. 4 haben wir das Potential von generativen Modellen kennengelernt. Insbesondere haben wir Autoencoder als sehr potente generative Modelle, gerade für Anwendungen in den Naturwissenschaften, eingeführt. Sie extrahieren eine komprimierte Darstellung der essentiellen Information aus den Input-Daten und benutzen diese, um neue Daten zu generieren. Wir werden nun zeigen, dass die Information im latenten Raum dieser Modelle für hinreichend einfach Probleme tatsächlich sinnvoll interpretiert werden kann und so zu neuen Einblicken in das Problem führt.

Dafür betrachten wir ein Beispiel, das 2020 von Renner et al. als Anwendung des maschinellen Lernens auf ein historisch bedeutsames Problem aus der Physik diskutiert wurde: das kopernikanische heliozentrische Modell für unser Sonnensystem. Aus einer großen Zahl sehr präziser Messungen der Position von Gestirnen stellte Kopernikus die Hypothese auf, dass die Sonne im Zentrum des Sonnensystems sitzt und die anderen Planeten um sie kreisen. Wir wollen nun die folgende Frage beantworten: Ist es möglich, ein neuronales Netzwerk zu definieren, das, ausgehend von denselben Winkelinformationen der Gestirne, die Kopernikus zur Verfügung hatte, zur selben Schlussfolgerung eines heliozentrischen Systems gelangt?

Renner und Kollegen fütterten einen Autoencoder mit den Winkelpositionen von Mars und Sonne, wie sie von der Erde zu gewissen Zeitpunkten beobachtet werden (α_{ES} und α_{EM} in Abb. 5.3) und trainierten das Netzwerk darauf, die Winkel zu anderen Zeitpunkten vorauszusagen[3]. Bei der Analyse des trainierten Modells, das zwei latente Neuronen enthält, stellten sie fest, dass diese Neuronen Information gerade in heliozentrischen Koordinaten weitergeben. Mit anderen Worten hat der Autoencoder, genau wie Kopernikus, gelernt, dass die effizienteste Art, Informationen über

---

[3]https://github.com/eth-nn-physics/nn_physical_concepts

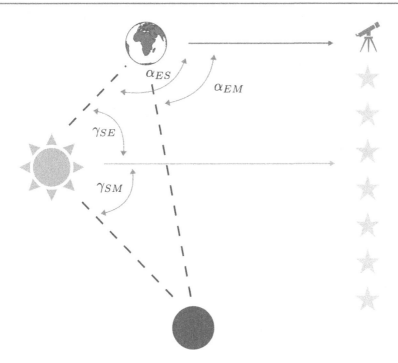

Abb. 5.3 Das kopernikanische Problem. Beziehung zwischen Winkeln im heliozentrischen und geozentrischen Koordinatensystem

die Planetenposition weiterzugeben, in einem heliozentrischen Koordinatensystem besteht.

Während diese Beispiel sehr schön verdeutlicht, wie hinreichend einfache generative Modelle gewinnbringend interpretiert werden können, ist die Frage der Interpretierbarkeit von Netzwerken im allgemeinen Gegenstand der aktiven Forschung.

Schlusskommentare 6

In diesem Schnelleinstieg haben wir die geläufigen Strukturen und Algorithmen behandelt, um Daten mit den Techniken des maschinellen Lernens zu analysieren. Obwohl maschinelles Lernen oft eng mit neuronalen Netzwerken verknüpft ist, haben wir zunächst Methoden eingeführt, die eher an klassischen statistischen Analysen andocken und auf viel soliderem mathmatischem Fundament stehen. Ein Beispiel ist die lineare Regression, bei der die statistische Verzerrung exakt eliminiert wird. Neuronale Netzwerke sind nicht nur in diesem Punkt viel unkontrollierter, sondern auch im Optimierungsprozess: Es geht nicht darum, das absolute Minimum zu finden – eines von vielen nahezu entarteten Minima is gut genug. Mit dieser Ungenauigkeit, die den exakten Wissenschaftler als Kontrollverlust schwer im Magen liegen mag, erkauft man sich teils drastische Steigerungen in Darstellungskraft und Leistung der Algorithmen.

Ziel unserer Darstellung war mathematische Klarheit, ohne uns in Kleinigkeiten zu verlieren. Der Detailgrad, mit dem wir die Algorithmen angegeben haben, ist meist bewusst nicht hoch genug, um sie ohne weiteres nachzuprogrammieren. Das ist auch überhaupt nicht nötig, denn alle Standard-Algorithmen sind in den Bibliotheken, die wir in Appendix A zusammengestellt haben, implementiert.

Damit das praktische Ausprobieren klappt, haben wir noch Tipps für erfolgreiche MaschinenlernerInnen, die einige wichtige Erkenntnisse zusammenfassen:

1. Die gelernten Ergebnisse sind bestenfalls so gut wie die Daten.
2. Man verstehe die Daten, ihre Struktur und Verzerrungen.
3. Einfachere Algorithmen sind zuerst auszuprobieren.
4. Man schrecke nicht vor Fachjargon zurück. Nicht alles, was kompliziert klingt, ist es auch.

© Der/die Autor(en), exklusiv lizenziert durch Springer Fachmedien Wiesbaden GmbH, ein Teil von Springer Nature 2020
K. Choo et al., *Machine Learning kompakt,* essentials,
https://doi.org/10.1007/978-3-658-32268-7_6

5. Neuronale Netzwerke können viel besser Interpolieren als Extrapolieren.
6. Neuronale Netzwerke können glatte Funktionen gut darstellen, nicht aber unstetige oder stark fluktuierende.

Mit Blick auf die naturwissenschaftlichen Anwendungen sind verschiedene Dinge zu beachten. Wissenschaftliche Daten haben oft viel mehr spezifische Struktur als Daten aus anderen Bereichen. Oft sind Korrelationen oder Verzerrungen in den Daten bekannt. Dieses Wissen sollte in die Konzeption von neuronalen Netzwerken und Verlustfunktionen mit einfließen. Zudem kann es sein, dass der Output eines Netzwerkes bestimmte Bedingungen (beispielsweise Symmetrien) erfüllen muss, um im gegebenen Problemkontext sinnvoll zu sein. Auch das sollte bei der Definition des Netzwerks beachtet werden, indem sichergestellt wird, dass durch die Netzwerkstruktur nur Output erzeugt werden kann, der den Bedingungen genügt.

Grundlage von wissenschaftlichen Analysemethoden ist gemeinhin, dass sie wohl definiert und reproduzierbar sind. Maschinelles Lernen, mit seinen probabilistischen Komponenten, erfüllt diese Bedingung nicht vollumfänglich. Dem kann man Rechnung tragen, indem Ergebnisse mit denen konventioneller Methoden der Datenwissenschaften verglichen werden, und besonderes Augenwerk auf Robustheit der Ergebnisse hinsichtlich Variationen im Algorithmus (Netzwerkstruktur, Wahl der Hyperparameter) gelegt wird. Zudem ist es wichtig, sehr genau zu dokumentieren, wie ein Netzwerk oder Algorithmus aufgebaut und ausgewertet wurde.

Das vorliegende Buch erhebt keinen Anspruch auf Vollständigkeit. Lernziel ist vielmehr, an grundlegenden Beispielen zu sehen, wie man maschinelles Lernen verstehen, einordnen, anwenden und kritisch hinterfragen kann. Mit diesem Mindset sollen sich die LeserInnen in die Lage versetzen, auch zukünftige Entwicklungen in diesem Feld gewinnbringend nutzen zu können.

Was Sie aus diesem *essential* mitnehmen können

- Sie kennen die grundlegenden Ansätze des maschinellen Lernens.
- Sie wissen, dass es Algorithmen unterschiedlicher Komplexität gibt, und können einschätzen, welche Algorithmen für ein bestimmtes Problem geeignet sind.
- Sie haben einen Einblick in die mathematischen Grundlagen erhalten, die hinter Begriffen wie neuronalen Netzwerken und Deep Learning stecken.
- Sie wissen, in welchen Programmierumgebungen gängige Algorithmen bereits implementiert sind und können diese so effizient einsetzten.
- Sie kennen die Grenzen der besprochenen Methoden.

© Der/die Autor(en), exklusiv lizenziert durch Springer Fachmedien Wiesbaden GmbH, ein Teil von Springer Nature 2020
K. Choo et al., *Machine Learning kompakt,* essentials,
https://doi.org/10.1007/978-3-658-32268-7

Bibliotheken für maschinelles Lernen

A

Es könnte der Eindruck entstehen, dass maschinelles Lernen programmiertechnisch sehr anspruchsvoll ist. Tatsächlich aber reichen für die meisten Anwendungen wenige Zeilen Code. Auf der einen Seite haben gängige mathematische Umgebungen wie *Mathematica* oder *Matlab* eigene Bibliotheken integriert. Auf der anderen Seite können auch externe Bibliotheken zum Beispiel in Python eingebunden werden. Einige besonders hilfreiche Bibliotheken sind:

1. **TensorFlow**—Entwickelt von Google. Tensorflow ist eine der beliebtesten und flexibelsten Bibliotheken für Machine Learning mit komplexen Modellen und vollständiger GPU-Unterstützung.
2. **PyTorch**—Entwickelt von Facebook. Pytorch ist eine der beliebtesten Alternativen zu Tensorflow mit fast vollständig identischer Funktionalität.
3. **Scikit-Learn**—Während TensorFlow und PyTorch sich vor allem an Deep Learning Anwender richten, bietet Scikit-Learn viele der traditionellen Tools für maschinelles Lernen, wie zum Beispiel lineare Regression und HKA.
4. **Pandas**—Machine Learning beruht auf grossen Datensätzen. Pandas bietet viele hilfreiche Tools, um mit diesen grossen Datensätze umzugehen.

© Der/die Autor(en), exklusiv lizenziert durch Springer Fachmedien Wiesbaden GmbH, ein Teil von Springer Nature 2020
K. Choo et al., *Machine Learning kompakt*, essentials,
https://doi.org/10.1007/978-3-658-32268-7

Printed in the United States
By Bookmasters